AF532623

Schadenfreies Bauen Band 49

Schimmelschäden und Tauwasserbildung an Fenstern

Jan Bredemeyer, Nils Oster

Schadenfreies Bauen — Band 49

Ralf Ruhnau, Nabil Fouad, Silke Sous (Hrsg.)

Schimmelschäden und Tauwasserbildung an Fenstern

Jan Bredemeyer

Nils Oster

Fraunhofer IRB Verlag

Bibliografische Information der Deutschen Nationalbibliothek:
Die Deutsche Nationalbibliothek verzeichnet diese Publikation in der Deutschen Nationalbibliografie; detaillierte bibliografische Daten sind im Internet über www.dnb.de abrufbar.

ISSN: 2367-2048
ISBN (Print): 978-3-7388-0690-8
ISBN (E-Book): 978-3-7388-0691-5

Layout · Satz · Herstellung: Gabriele Wicker
Umschlaggestaltung: Martin Kjer
Druck: Offizin Scheufele Druck & Medien GmbH + Co. KG, Stuttgart

Fraunhofer-Informationszentrum Raum und Bau IRB
Nobelstraße 12, 70569 Stuttgart
Telefon +49 711 970-2500
Telefax +49 711 970-2508
irb@irb.fraunhofer.de
www.baufachinformation.de

Fachbuchreihe Schadenfreies Bauen

Bücher über Bauschäden erfordern anders als klassische Baufachbücher eine spezielle Darstellung der Konstruktionen unter dem Gesichtspunkt der Bauschäden und ihrer Vermeidung. Solche Darstellungen sind für den Planer wichtige Hinweise, etwa vergleichbar mit Verkehrsschildern, die den Autofahrer vor Gefahrstellen im Straßenverkehr warnen.

Die Fachbuchreihe ›Schadenfreies Bauen‹ stellt in vielen Einzelbänden zu bestimmten Bauteilen oder Problemstellungen das gesamte Gebiet der Bauschäden dar. Erfahrene Bausachverständige beschreiben den Stand der Technik zum jeweiligen Thema, zeigen anhand von Schadensfällen typische Fehler auf, die bei der Planung und Ausführung auftreten können, und geben abschließend Hinweise zu deren Instandsetzung und Vermeidung.

Für die tägliche Arbeit bietet darüber hinaus die Volltextdatenbank ›Schadis®‹ die Möglichkeit, die gesamte Fachbuchreihe online als elektronische Bibliothek zu nutzen. Die Suchfunktionen der Datenbank ermöglichen den raschen Zugriff auf relevante Buchkapitel und Abbildungen zu jeder Fragestellung (www.irb.fraunhofer.de/schadis).

Zur Entstehung der Reihe

Die Reihe ›Schadenfreies Bauen‹ wurde 1992 vom Fraunhofer IRB-Verlag mit Professor Günter Zimmermann (†) als Herausgeber ins Leben gerufen, der 33 Jahre lang auch für die Bauschäden-Sammlung im Deutschen Architektenblatt verantwortlich zeichnete. Mehrere Jahre lang übernahm Dr.-Ing. Ralf Ruhnau die Mitherausgeberschaft der Reihe und betreute sie von 2008 bis 2022 alleinverantwortlich. Seit 2022 setzt er diese Arbeit im Team mit Prof. Dr.-Ing. Nabil Fouad und Dipl.-Ing. Silke Sous fort.

Die Herausgeber

Dr.-Ing. Ralf Ruhnau ist ö. b. u. v. Sachverständiger für Betontechnologie, insbesondere für Feuchteschäden und Korrosionsschutz sowie für Schäden an Gebäuden. Als Gründungspartner der Ingenieurgemeinschaft CRP Bauingenieure in Berlin befasste er sich 35 Jahre lang vor allem mit der Bausubstanzbeurteilung sowie der Planung im Neubau und Bestand. Mit seiner Gutachtertätigkeit sowie in Fachvorträgen und Veröffentlichungen deckt er ein breites Spektrum des konstruktiven Hochbaus und der Bauphysik ab. Seit 2016 ist er Präsident der Baukammer Berlin.

Univ.-Prof. Dr.-Ing. Nabil Fouad ist Professor für Bauphysik und Bauwerkssanierung an der Leibniz Universität Hannover. Er ist von der IHK Hannover ö. b. u. v. Sachverständiger für Bauphysik und vorbeugenden Brandschutz und Partner der 3B Bauconsult GmbH & Co. KG mit Hauptsitz in Hannover. Der Fachwelt ist er als Autor zahlreicher Veröffentlichungen und Forschungsarbeiten bekannt. Er ist Mitglied in mehreren DIN-Ausschüssen und Sachverständigenausschüssen des Deutschen Instituts für Bautechnik.

Dipl.-Ing. Silke Sous ist Architektin und ö. b. u. v. Sachverständige für Schäden an Gebäuden sowie staatlich anerkannte Sachverständige für Schall- und Wärmeschutz. Seit 1997 forscht und arbeitet sie für das Aachener Institut für Bauschadensforschung und angewandte Bauphysik gGmbH – AIBau. Als Lehrbeauftragte der Hochschule für angewandte Wissenschaft und Kunst Hildesheim/Holzminden/Göttingen sowie als Referentin in der Architekten- und Ingenieurfortbildung setzt sie sich für schadenfreies Bauen ein.

Herausgebervorwort

Fenster waren und sind in der Regel auch heute noch die wärmeschutztechnisch schwächsten Bauteile in der Gebäudehülle. Das ist auch gut so, denn Tauwasseranfall an Fensterkonstruktionen ist der augenscheinlichste Indikator dafür, dass der Nutzer lüften muss. Temporärer Tauwasseranfall an Fenstern lässt sich jedoch auch bei heute üblichen Konstruktionen nicht immer sicher vermeiden. Die Fragen, die sich stellen, lauten:

Wann stellen Tauwasser und nachfolgender Schimmelbefall einen Mangel dar und generieren Schäden?

Sind diese Schäden dann auf bauliche Mängel oder Nutzerverhalten zurückzuführen?

Die theoretischen Grundlagen und die praktischen Beispiele in diesem Band 49 der Fachbuchreihe Schadenfreies Bauen ›Schimmelschäden und Tauwasserbildung an Fenstern‹ geben hier wertvolle Hilfen zur Beantwortung dieser und zahlreicher weiterer Fragen.

Zum Zeitpunkt des Erscheinens dieses Buches ist der Aufruf zum Einsparen von Heizenergie allgegenwärtig und Energieknappheit wird von der Politik und den Medien dramatisch publiziert. Es ist zu befürchten, dass in großem Umfang dem Ruf Folge geleistet wird und am Heizen und Lüften gespart wird. Wer die daraus folgenden ansteigenden Tauwasserbildungen und Schimmelschäden zu verantworten hat, ob konstruktions- oder nutzerbedingte Ursachen gegeben sind, können Ingenieure mit Hilfe des vorliegenden Buches beantworten. Ob dann nutzungsbedingte Schäden den Mietern anzulasten oder den politischen Vorgaben geschuldet sind, müssen dann Juristen beantworten.

Den Autoren Bredemeyer und Oster sei an dieser Stelle erneut gedankt, dass sie neben der Tagesarbeit nach dem Band 42 ›Schimmelschäden an Decken und Wänden‹ nun zeitnah diesen Band 49 ›Schimmelschäden und Tauwasserbildung an Fenstern‹ erarbeitet und damit für die gesamte Gebäudehülle für Sachverständige, aber auch für Planer, Ausführende, Bauherren und Nutzer eine wertvolle Informationsquelle und Arbeitshilfe geschaffen haben.

Ralf Ruhnau

Vorwort der Autoren

Im Oktober 2020 ist der Band 42 in der Reihe ›Schadenfreies Bauen‹ neu erschienen. Er trägt den Titel ›Schimmelschäden an Wänden und Decken‹ und wurde ebenfalls von den Autoren des nun vorliegenden Band 49 quasi als 1. Teil einer umfassenden Darstellung der Grundlagen, Möglichkeiten und Grenzen einer sach- und fachgerechten Beurteilung von Schimmelschäden veröffentlicht. Mit dem Titel ›Schimmelschäden und Tauwasserbildung an Fenstern‹ liegt nunmehr der 2. und letzte Teil dieser Darstellung vor. Beide Bände ergänzen sich bzw. baut der nunmehr vorliegende Band 49 auf dem 1. Teil auf. So gelten die grundsätzlichen rechtlichen Ausführungen in Band 42 für ›Schimmelschäden an Fenstern und Verglasungen‹ analog und werden im vorliegenden Band daher nicht noch einmal wiederholt. Anders die bauphysikalischen und mikrobiologischen Grundlagen, die für den vorliegenden Band 49 aus dem 1. Teil im Wesentlichen übernommen wurden, da sie die Grundlage für die nachfolgenden Ausführungen darstellen. Auf diese Weise sind die technisch-sachverständigen Ausführungen im vorliegenden Band für sich vollständig, auch wenn der Band 42 nicht vorliegt.

Mit den beiden zusammenhängenden Bänden 42 und 49 liegt erstmals eine derartig umfassende Darstellung der Grundlagen, Möglichkeiten und Schwierigkeiten der Beurteilung der Ursachen von Schimmelbefall an opaken und transparenten Bauteilen vor. Besonderes Augenmerk wurde dabei auf die rechtlichen Aspekte (inklusive der aktuellen Rechtsprechung des BGH) gelegt, die üblicherweise bei derartigen »technischen« Veröffentlichungen zu kurz kommen. Das Schimmelschäden-Doppel richtet sich insofern gleichermaßen an Bausachverständige und Juristen, wie auch an die Mitarbeiter von Wohnungsbaugesellschaften und Hausverwaltungen und nicht zuletzt natürlich auch an betroffene Mieter und Eigentümer sowie interessierte Planer und Ausführende.

Für die immer angenehme und inspirierende Zusammenarbeit möchten wir Herrn Dr. Mühlig danken, der im Band 42 die rechtlichen Grundlagen und Randbedingungen für die technische Beurteilung von Schimmelschäden nicht nur an Wänden und Decken, sondern auch an Fenstern und Verglasungen umfassend und verständlich dargelegt hat. Ebenso möchten wir uns bei Herrn Kühl von der NovaBiotec Dr. Fechter GmbH für den fachlichen Support hinsichtlich der mikrobiologischen Aspekte des Themas bedanken. Nicht zuletzt danken wir unserem Herausgeber, Herrn Dr. Ruhnau, für die wie immer konstruktive und vertrauensvolle Zusammenarbeit.

Unseren Lesern wünschen wir eine hilfreiche und interessante Lektüre auch beim 2. Teil unseres Werkes.

Jan Bredemeyer

Nils Oster

Inhaltsverzeichnis

I Grundlagen

1 Problemstellung und typische Schadensbilder

In der Sachverständigenpraxis nimmt Schimmelbefall im Bereich der Gebäudehülle nach wie vor erheblichen Raum ein. In den vergangenen Jahren rückten dabei neben den Schadensbildern im Bereich typischer Wärmebrücken an Wänden, Decken und anderen opaken Bauteilen zunehmend Fenster und Pfosten-Riegel-Konstruktionen in den Fokus. Auch bei diesen Bauteilen sind – analog zu den opaken Bauteilen – überwiegend Wohnungen betroffen. Häufig wird dabei im Zusammenhang mit Schimmelbefall auch übermäßige Tauwasserbildung an den Verglasungen gerügt.

Wie bei Streitigkeiten über Schimmelbefall im Bereich typischer Wärmebrücken, stehen auch bei Auseinandersetzungen über Schimmelbefall im Bereich von Fenstern und Verglasungen in erster Linie Mieter und Vermieter im Fokus, auch wenn in bestimmten Fallkonstellationen die üblicherweise am Bauprozess Beteiligten, wie Planer, ausführendes Unternehmen, Bauleiter etc. beteiligt sein können. Meist geht es bei der Begutachtung daher um die Abgrenzung zwischen bau- und nutzerseitigen Einflüssen. Dabei machen erfahrungsgemäß ältere Bestandskonstruktionen den deutlich überwiegenden Teil der zu beurteilenden Fenster aus.

Von Schimmelbefall betroffen sind an Fensterkonstruktionen zumeist

- die raumseitigen Verglasungsabdichtungen, insbesondere wenn sie – wie typischerweise bei Holzfenstern – aus einem spritzbaren Dichtstoff bestehen (Bild 1),
- die an Verglasungen und deren Abdichtungen grenzenden Teile der Flügelrahmen (Bild 2),
- Fugen und Nuten in den raumseitigen Rahmenoberflächen, z. B. die Schattenfugen der Glashalteleisten an Holzfenstern (Bild 3),
- infolge von Beschichtungsschäden freiliegende Holzoberflächen (Bild 4),
- die Rahmenflächen und Dichtungen im Bereich der Fälze in den Öffnungsfugen der Fenster (Bild 5) und
- die Scheibenzwischenräume von Verbundfenstern (Bild 6).

Bild 1 Schimmelbefall auf den raumseitigen Verglasungsabdichtungen aus einem spritzbaren Dichtstoff

Bild 2 Schimmelbefall auf der raumseitigen Oberfläche eines Fensterprofils angrenzend an die Verglasung

Bild 3 Schimmelbefall in den Schattenfugen zwischen Glashalteleisten und Blendrahmen

Bild 4 Schimmelbefall auf einer infolge von Beschichtungsschäden freiliegenden Holzoberfläche am Flügelrahmen eines Dachflächenfensters

Bild 5 Schimmelbefall im Falzbereich eines Fensters

Bild 6 Schimmelbefall in der äußeren Fensterebene eines Verbundfensters

In Einzelfällen wird Schimmelbefall auch auf den weitgehend freiliegenden raumseitigen Oberflächen von Rahmen und Verglasungen vorgefunden (Bild 7).

Bei diesen betroffenen Bereichen liegen zwar jeweils (auch) Wärmebrücken vor. In Bezug auf Schimmelbefall gewinnen hier jedoch aufgrund der konstruktionsbedingten Eigenheiten von Fensterkonstruktionen neben den veränderten Wärmeströmen zahlreiche weitere Einflussfaktoren, wie z.B. die Veränderung von Oberflächen durch Schmutzablagerungen, thermische Abschirmung gegenüber Konvektion oder Feuchtetransport über Luftströmungen, besondere Bedeutung. In jedem Fall ist ein ausreichendes Feuchteangebot auch bei Fenstern eine wesentliche Voraussetzung für Schimmelbefall. Diese Voraussetzung wird in der Regel durch Tauwasserausfall in den oben beschriebenen Bereichen oder von den Verglasungen ablaufendes Tauwasser erfüllt. Insofern wird zusammen mit einem Schimmelbefall oder für sich häufig auch ein übermäßiges Beschlagen von Verglasungen geschildert. Soweit die Ausführungen in den nachfolgenden Kapiteln Tauwasserausfall an Verglasungen betreffen, können diese natürlich auch für die Beurteilung der Fenster herangezogen werden, wenn (noch) kein Schimmelbefall aufgetreten ist bzw. gerügt wird.

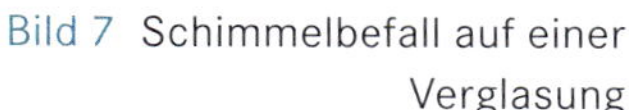

Bild 7 Schimmelbefall auf einer Verglasung

Einen Sonderfall stellen in diesem Zusammenhang Fenster- und Pfosten-Riegel-Konstruktionen in Wintergärten oder ähnlichen Bereichen dar. Hier spielen häufig die raumklimatischen Besonderheiten dieser Räume eine erhebliche Rolle, die jedoch weniger von nutzer- als vielmehr von bauseitigen Einflüssen bestimmt werden (Kapitel 7).

Der Vollständigkeit halber erwähnt sei Tauwasserausfall an den außenluftberührten Oberflächen von Fenstern, der an hochwertigen Wärmeschutzverglasungen beobachtet wird (Bild 8). Die Ursachen hierfür liegen in Wechselwirkungen zwischen Außenluftfeuchte, wärmeschutztechnischen Eigenschaften der Verglasung, nächtlicher Wärmeabstrahlung, den Reflexionsbedingungen aus Bebauung und Vegetation sowie dem Bedeckungsgrad des Himmels. Auftretender Tauwasserausfall ist hier ein Kennzeichen der hohen wärmeschutztechnischen Qualität der Verglasungen. Den Autoren sind in diesem Zusammenhang zwar keine Streitfälle zu Schimmelbefall bekannt, dennoch soll im Hinblick auf die Auswirkungen dieser Phänomene auf die raumseitigen Oberflächen – insbesondere bei zum Himmel ausgerichteten Fenstern – auch hierauf der Vollständigkeit halber kurz eingegangen werden.

Bild 8 Tauwasserausfall an der Außenfläche der Verglasung eines Dachflächenfensters

2 Grundlagen

2.1 Bauphysikalische und mikrobiologische Grundlagen

Die Beurteilung der Ursachen für tauwasser- und schimmelbedingte Schadensbilder setzt die Kenntnis einiger grundlegender bauphysikalischer und mikrobiologischer Zusammenhänge voraus. Davon ausgehend, dass diese im Wesentlichen vorhanden bzw. im Zusammenhang mit der hier behandelten Problemstellung nur in einer begrenzten Tiefe von Interesse sein dürften, beschränken sich die folgenden Kapitel auf eine kurze Zusammenfassung der wesentlichen Grundlagen. Zur Ergänzung sei auf die ausführlicheren Darstellungen z.B. in [Vogdt, 2021], [Willems, 2017], [Trautmann, 2003] und [Messal, 2014] hingewiesen.

2.1.1 Symbole, Größen und Einheiten

In Tabelle 1 sind die in diesem Buch verwendeten Symbole und Größen nebst ihren physikalischen Einheiten zusammengestellt. Zum besseren Verständnis älterer Quellen sind hier ebenfalls die älteren Symbole, Bezeichnungen, Einheiten und – soweit erforderlich – entsprechende Umrechnungsfaktoren erfasst (z.B. für die Wärmeleitfähigkeit: 1 kcal/(mh°) = 1,163 W/(mK)).[1]

Der Einheitlichkeit halber finden in diesem Buch analog zum europäischen Normenwerk durchgängig die aktuellen Symbole und Bezeichnungen in Anlehnung an z.B. DIN EN ISO 7345 Anwendung.

....

1 In den Ausgaben der DIN 4108 bis einschließlich der bis 1981 gültigen Ausgabe vom August 1969 wurde noch das Technische Maßsystem (TMS) verwendet. Erst mit der Ausgabe von 1981 fand das neue SI-System oder MKS-System (für: Meter, Kilogramm, Sekunde) Anwendung, sodass die angegebenen Kenn- und Grenzwerte nicht direkt vergleichbar sind.

Symbol	älteres Symbol	Größe	Einheit	ältere Einheit	Umrechnungsfaktor ältere in aktuelle Einheit
l	–	Länge	m	–	–
A	–	Fläche	m^2	–	–
V	–	Volumen	m^3	–	–
ρ	–	Bemessungswert der Rohdichte	kg/m^3	–	–
λ	–	Bemessungswert der Wärmeleitfähigkeit	W/(mK)	kcal/(mh°)	1,16355
p	–	Wasserdampfdruck/Winddruck	Pa	mm WS	9,80665
Δp	–	raumseitiges Dampfdruckgefälle, Differenzdruck, $p_i - p_e$	Pa	mm WS	9,80665
φ_i	φ_i	relative Luftfeuchte, innen	%[1)]	–	–
φ_e	φ_a	relative Luftfeuchte, außen	%[1)]	–	–
a_w	–	Wasseraktivität (Maß für die Verfügbarkeit von Wasser zum biologischen Wachstum)	–[2)]	–	–
T	–	thermodynamische Temperatur (Gradient)	K	°C	1
θ	ϑ	Temperatur (absolut)	°C	–	–
θ_i	ϑ_i	Lufttemperatur, innen	°C	–	–
θ_e	ϑ_a	Lufttemperatur, außen	°C	–	–
R	$1/\Lambda$	Bemessungswert des Wärmedurchlasswiderstands	m^2K/W	$m^2 h°/kcal$	0,865
U	k	Wärmedurchgangskoeffizient	$W/(m^2K)$	$kcal/(m^2 h°)$	1,163
ψ	–	längenbezogener Wärmedurchgangskoeffizient	W/(mK)	–	–

Tabelle 1 Übersicht über die verwendeten Größen, Symbole und Einheiten

Symbol	älteres Symbol	Größe	Einheit	ältere Einheit	Umrechnungsfaktor ältere in aktuelle Einheit
R_{si}	$1/\alpha_i$	Wärmeübergangswiderstand, innen	m^2K/W	$m^2\ h°/kcal$	0,860
R_{se}	$1/\alpha_a$	Wärmeübergangswiderstand, außen	m^2K/W	$m^2\ h°/kcal$	0,860
f_{Rsi}	–	Temperaturfaktor	–[2)]	–	–
q	$\dot{V}$	Luftvolumenstrom	m^3/h		
ν	–	Wasserdampfkonzentration/absolute Luftfeuchte	g/m^3	–	–
Q	a	Fugendurchlässigkeit (früher: Fugendurchlasskoeffizient)	$m^3/(hm^2)$;[1)] $m^3/(hm)$ [2)]	$\frac{m^3}{m \cdot h \cdot daPa^{2/3}}$ –	$a \cdot 0{,}1^{-(2/3)}$

1) auch als Dezimalzahl

2) Ausdruck als Dezimalzahl ($0 \leq x \leq 1$)

Tabelle 1 Übersicht über die verwendeten Größen, Symbole und Einheiten

2.1.2 Luftfeuchte

Die uns umgebende Luft ist ein Gemisch aus mehreren trockenen Gasen und Wasserdampf. Wie viel Wasserdampf von der Luft aufgenommen werden kann, ist abhängig von ihrer Temperatur; mit steigender Lufttemperatur steigt auch die aufnehmbare Feuchtemenge. Die sogenannte Sättigungsfeuchte bezeichnet diejenige Feuchtemenge, die bei einer bestimmten Temperatur maximal aufgenommen werden kann (Bild 9).

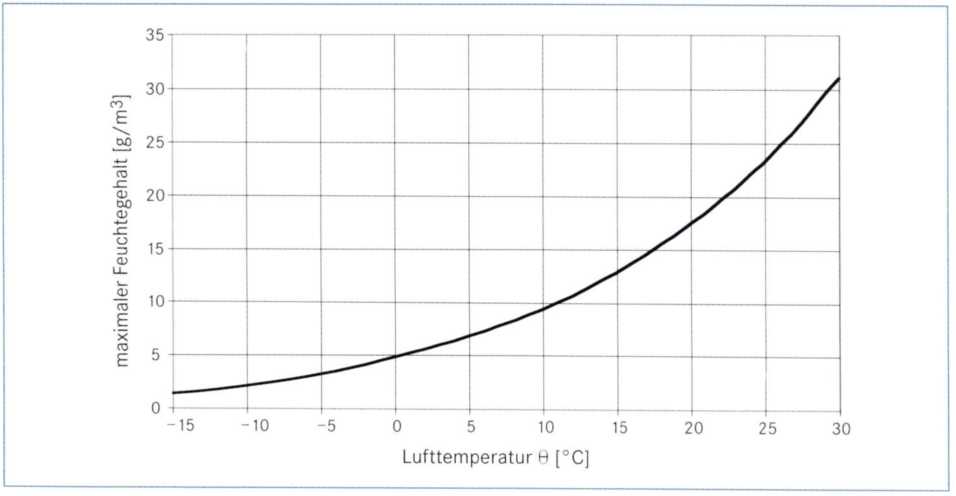

Bild 9 Zusammenhang zwischen Lufttemperatur und maximalem Feuchtegehalt (absolute Sättigungsfeuchte)

Grundsätzlich ist zwischen der absoluten Luftfeuchte und der relativen Luftfeuchte zu unterscheiden. Die absolute Luftfeuchte oder Wasserdampfkonzentration v bezeichnet die Masse Wasser bzw. Wasserdampf in Gramm, die ein Kubikmeter Luft enthält. Die relative Luftfeuchte φ dagegen gibt an, wie viel Prozent der Sättigungsfeuchte der Luft bei einer bestimmten Temperatur erreicht sind. Die relative Luftfeuchte ist demnach abhängig von zwei Größen: der absoluten Luftfeuchte und der Lufttemperatur. Sie wird von diesen wie folgt beeinflusst:

› zunehmende absolute Luftfeuchte und/oder sinkende Lufttemperatur bewirken ein Ansteigen der relativen Luftfeuchte,
› abnehmende absolute Luftfeuchte und/oder steigende Lufttemperatur führen zu einer sinkenden relativen Luftfeuchte.

In Tabelle 2 sind diesbezüglich die absoluten Luftfeuchten v [g/m³] für Lufttemperaturen zwischen −5 und 30 °C in Abhängigkeit von relativen Luftfeuchten φ zwischen 10 und 100 % zusammengefasst. Die Berechnung erfolgte nach DIN ISO 13788, Anhang E mit den auf den schwedischen Physiker Gustav Magnus zurückgehenden Gleichungen.

Lufttemperatur θ [°C]	Wasserdampfkonzentration ν [g/m³] bei einer relativen Luftfeuchte φ [%]									
	100	90	80	70	60	50	40	30	20	10
30	30,29	27,26	24,23	21,20	18,17	15,15	12,12	9,09	6,06	3,03
29	28,69	25,82	22,95	20,08	17,21	14,35	11,48	8,61	5,74	2,87
28	27,16	24,45	21,73	19,01	16,30	13,58	10,87	8,15	5,43	2,72
27	25,71	23,14	20,57	18,00	15,42	12,85	10,28	7,71	5,14	2,57
26	24,32	21,89	19,46	17,02	14,59	12,16	9,73	7,30	4,86	2,43
25	23,00	20,70	18,40	16,10	13,80	11,50	9,20	6,90	4,60	2,30
24	21,74	19,56	17,39	15,22	13,04	10,87	8,69	6,52	4,35	2,17
23	20,54	18,48	16,43	14,38	12,32	10,27	8,21	6,16	4,11	2,05
22	19,39	17,45	15,52	13,58	11,64	9,70	7,76	5,82	3,88	1,94
21	18,31	16,48	14,65	12,82	10,98	9,15	7,32	5,49	3,66	1,83
20	17,27	15,55	13,82	12,09	10,36	8,64	6,91	5,18	3,45	1,73
19	16,29	14,66	13,03	11,40	9,77	8,14	6,52	4,89	3,26	1,63
18	15,36	13,82	12,28	10,75	9,21	7,68	6,14	4,61	3,07	1,54
17	14,47	13,02	11,57	10,13	8,68	7,23	5,79	4,34	2,89	1,45
16	13,62	12,26	10,90	9,54	8,17	6,81	5,45	4,09	2,72	1,36
15	12,82	11,54	10,26	8,98	7,69	6,41	5,13	3,85	2,56	1,28
14	12,06	10,86	9,65	8,45	7,24	6,03	4,83	3,62	2,41	1,21
13	11,34	10,21	9,08	7,94	6,81	5,67	4,54	3,40	2,27	1,13
12	10,66	9,60	8,53	7,46	6,40	5,33	4,26	3,20	2,13	1,07
11	10,01	9,01	8,01	7,01	6,01	5,01	4,01	3,00	2,00	1,00
10	9,40	8,46	7,52	6,58	5,64	4,70	3,76	2,82	1,88	0,94
9	8,82	7,94	7,06	6,18	5,29	4,41	3,53	2,65	1,76	0,88
8	8,27	7,45	6,62	5,79	4,96	4,14	3,31	2,48	1,65	0,83
7	7,75	6,98	6,20	5,43	4,65	3,88	3,10	2,33	1,55	0,78
6	7,26	6,54	5,81	5,08	4,36	3,63	2,91	2,18	1,45	0,73

Tabelle 2 Wasserdampfkonzentration in der Luft in Abhängigkeit von der Lufttemperatur und der relativen Luftfeuchte

Lufttemperatur θ [°C]	Wasserdampfkonzentration ν [g/m³] bei einer relativen Luftfeuchte φ [%]									
	100	90	80	70	60	50	40	30	20	10
5	6,80	6,12	5,44	4,76	4,08	3,40	2,72	2,04	1,36	0,68
4	6,36	5,73	5,09	4,45	3,82	3,18	2,54	1,91	1,27	0,64
3	5,95	5,35	4,76	4,16	3,57	2,97	2,38	1,78	1,19	0,59
2	5,56	5,00	4,45	3,89	3,34	2,78	2,22	1,67	1,11	0,56
1	5,19	4,67	4,15	3,63	3,11	2,60	2,08	1,56	1,04	0,52
0	4,85	4,37	3,88	3,40	2,91	2,43	1,94	1,46	0,97	0,49
−1	4,48	4,04	3,59	3,14	2,69	2,24	1,79	1,35	0,90	0,45
−2	4,14	3,73	3,31	2,90	2,48	2,07	1,66	1,24	0,83	0,41
−3	3,82	3,44	3,06	2,67	2,29	1,91	1,53	1,15	0,76	0,38
−4	3,52	3,17	2,82	2,47	2,11	1,76	1,41	1,06	0,70	0,35
−5	3,25	2,92	2,60	2,27	1,95	1,62	1,30	0,97	0,65	0,32

Tabelle 2 Wasserdampfkonzentration in der Luft in Abhängigkeit von der Lufttemperatur und der relativen Luftfeuchte

Steigt die relative Luftfeuchte aufgrund einer Zunahme der absoluten Luftfeuchte (Feuchteeintrag) oder eines Abkühlens der Lufttemperatur auf 100 %, ist die Sättigungsfeuchte erreicht und überschüssige, von der Luft nicht mehr aufnehmbare Feuchte fällt als Tauwasser aus (Nebel oder Kondensat an Oberflächen).

In Innenräumen kann es zu einem Ansteigen der relativen Luftfeuchte insbesondere aus folgenden Gründen kommen:

› Zuführung von Feuchte (Wasserdampf):
  In bewohnten Räumen wird der Luft durch tägliche Verrichtungen (z. B. Kochen, Waschen, Duschen) sowie die Feuchteabgabe vor allem des menschlichen Körpers beständig Feuchte zugeführt. Entsprechender Feuchteeintrag ohne Veränderung der Raumlufttemperatur führt folgerichtig zu einem Anstieg der relativen Luftfeuchte.
› Reduzierung der Lufttemperatur:
  Umgekehrt kann ein Anstieg der relativen Luftfeuchte in einem Raum ohne Feuchtezufuhr durch ein Absenken der Raumlufttemperatur, beispielsweise durch Nachtabsenkung oder Abschalten der Heizungsanlage, erfolgen. Wie Bild 10 zeigt, kann kühlere Luft weniger Feuchte (Wasserdampf) aufnehmen als wärmere. So bewirkt beispielsweise die Abkühlung der Luft in einem Raum mit einer Temperatur von 20 °C und einer relativen Luftfeuchte von φ = 50 % auf eine Temperatur von 15 °C bei

gleichbleibendem absoluten Feuchtegehalt eine Erhöhung der relativen Luftfeuchte auf φ = 68 %.

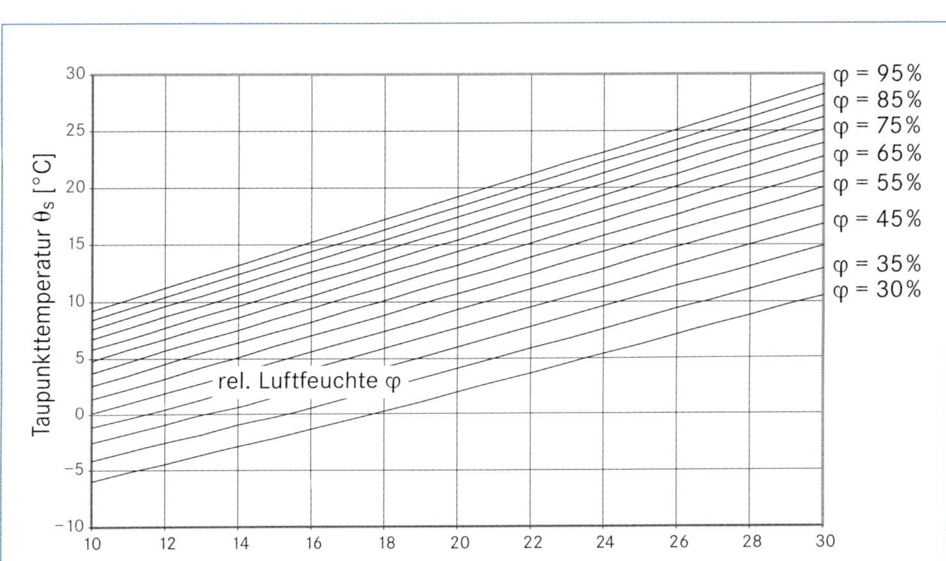

Bild 10 Zusammenhang zwischen Raumlufttemperatur, relativer Luftfeuchte und Taupunkttemperatur

2.1.3 Oberflächentauwasser

Tauwasser fällt entsprechend den Ausführungen in Kapitel 2.1.3 in dem Moment aus, in dem die Luft aufgrund von Feuchtezufuhr bzw. Abkühlung wassergesättigt ist, d. h. die relative Luftfeuchte φ = 100 % erreicht. Zur Bildung von Tauwasser auf Bauteiloberflächen ist es jedoch nicht erforderlich, dass die Raumluftfeuchte im gesamten betrachteten Raum dieses Maß erreicht. Da vielmehr die Lufttemperatur in der Übergangszone zu kälteren Bauteiloberflächen gegenüber der übrigen Raumluft geringer ist, kann Tauwasserbildung an Bauteiloberflächen auftreten, wenn die Taupunkttemperatur im Bereich kälterer Oberflächen, z. B. Verglasungen, Rahmenprofile, Wärmebrücken etc., erreicht bzw. unterschritten wird, ohne dass die relative Raumluftfeuchte insgesamt φ = 100 % erreicht (Bild 11). Während an opaken Bauteilen je nach Tauwassermenge und Sorptionsfähigkeit des Untergrundes die Tauwasserbildung nicht unbedingt sofort augenfällig werden muss, ist Tauwasserausfall an Verglasungen und Rahmen von Fensterkonstruktionen in aller Regel gut erkennbar.

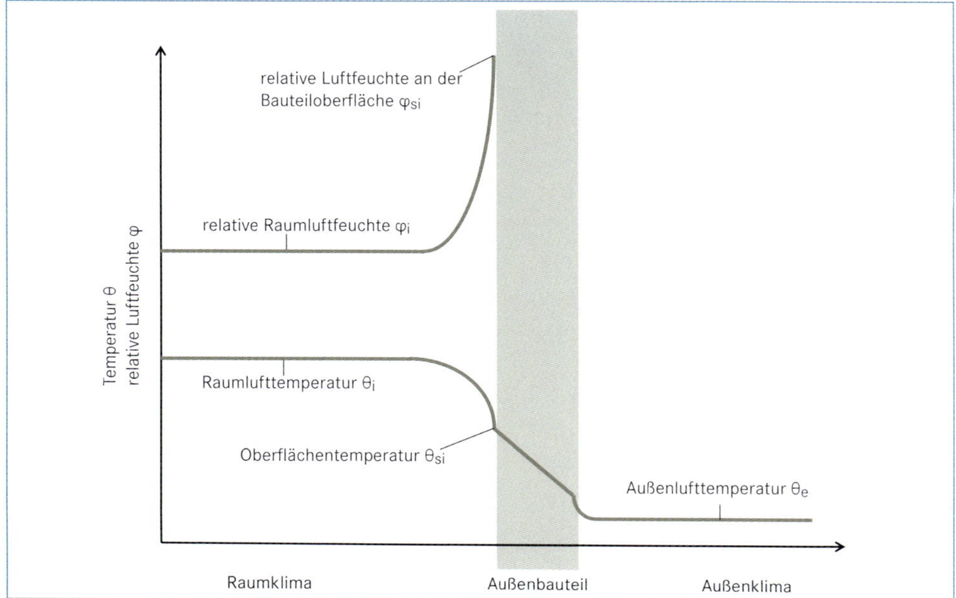

Bild 11 Zusammenhang zwischen Raumlufttemperatur und relativer Luftfeuchte an einer Bauteiloberfläche; erreicht die relative Luftfeuchte an der Bauteiloberfläche φ_{si} = 100 %, kommt es zur Kondensation, d. h. zum Ausfall von Tauwasser.

Der Zusammenhang zwischen Raumlufttemperatur, relativer Luftfeuchte und Taupunkttemperatur ist in Bild 10 dargestellt. Dementsprechend beträgt beispielsweise für ein Raumklima von θ_i = 20 °C und φ_i = 50 % die Taupunkttemperatur θ_{sat} = 9,3 °C.

2.1.4 Mikrobiologische Grundlagen

Die Mykologie unterscheidet weit mehr als 100 000 Arten von Schimmelpilzen, von denen ca. 150 Arten innenraumrelevant sind. Ein Teil davon, beispielsweise die Gattungen *Penicillium* oder *Cladosporium,* ist in unseren Breiten ubiquitär, d. h. diese Gattungen sind nahezu überall in unserer Umgebung zu finden. So ist in der Luft, aber insbesondere auch in dem uns umgebenden Staub, permanent eine große Menge von Schimmelpilzsporen enthalten.

Andere Arten – beispielsweise *Aspergillus versicolor*-Komplex, *Aspergillus restrictus* oder *Chaetomium spp.*[2] – sind in der Umgebungsluft und im unbelasteten Staub eher selten zu finden, besitzen insofern eine indizierende Funktion für feuchtebedingte Schadensbilder [Hankammer, 2003]. Sie können im Rahmen mikrobiologischer Untersuchungen Hinweise auf die Schadensursachen geben.

Abgesehen von der optischen Beeinträchtigung, der schädigenden Wirkung z. B. für Wandbekleidungen und Dichtstoffe, der Geruchsbelästigung oder anderen unangenehmen Begleiterscheinungen eines Schimmelpilzbefalls, können die hierbei verstärkt freigesetzten Sporen beim Menschen unter bestimmten Voraussetzungen auch eine ernsthafte, beeinträchtigende Wirkung auf die Gesundheit haben. Kritische Konzentrationen von lebenden oder abgetöteten Schimmelpilzsporen bzw. großflächiger Befall können in Abhängigkeit von der Prädisposition Risiken im Hinblick auf allergische Reaktionen, toxische Wirkungen und Infektionen mit sich bringen [UBA, 2002, 2005 und 2017]. Aufgrund der vergleichsweise kleinen Flächen, die an Fensterkonstruktionen für die Ansiedlung von Schimmelpilzen zur Verfügung stehen, sind diese potenziellen gesundheitlichen Auswirkungen hier jedoch von geringerer Bedeutung als bei anderen Oberflächen in Innenräumen (z. B. an Wänden, Decken, Fensterlaibungen etc.).

Ein Ansiedeln, d. h. Auskeimen und Myzelwachstum, ist für Schimmelpilzsporen prinzipiell jedoch nur dann möglich, wenn ihre Lebensbedingungen erfüllt sind. In diesem Zusammenhang sind als wesentliche Einflussfaktoren der Feuchtegehalt, der pH-Wert und das Nährstoffangebot sowie die Temperatur des zu besiedelnden Untergrundes zu nennen. Diesbezüglich ergaben verschiedene Untersuchungen seit dem Beginn der 1990er-Jahre, dass die Lebensbedingungen von Schimmelpilzen nicht erst bei Tauwasserausfall an Bauteiloberflächen, sondern bereits bei einer oberflächennahen relativen Luftfeuchte von etwa 80 % gegeben sind [Waubke, 1990], [Erhorn, 1990], [Gertis, 2000], [Sedlbauer, 2001], [Messal, 2014]. Bei Fenstern kann ein ausreichendes Nährstoffangebot ggf. aufgrund von nicht regelmäßig entfernten Staubablagerungen, Schmiermitteln etc. angenommen werden. Der pH-Wert und die eigentlich für eine Besiedelung mit Schimmelpilzen wenig geeigneten Oberflächen treten dann in den Hintergrund. Auch stellen die innerhalb von Gebäuden üblicherweise auftretenden Oberflächentemperaturen für die meisten der relevanten Schimmelpilzgattungen zumindest kein Hindernis für eine Besiedlung dar, wenngleich die optimalen thermischen Bedingungen allgemein erst bei etwas höheren Temperaturen gegeben sind [Sedlbauer, 2003]. Insofern kommt bei Fenstern dem Aspekt des Nährstoffangebots und dem Feuchteangebot

....

2 Der erste Teil des Namens von Pilzen bezeichnet die Gattung, der zweite Teil die Art (lat. species). Werden einzelne Arten einer Gattung nicht benannt oder können diese z. B. im Rahmen mikrobiologischer Untersuchungen mit vertretbarem Aufwand nicht unterschieden werden, wird dem Gattungsnamen anstelle der Artenbezeichnung sp. (als Abkürzung für species) bzw. bei mehreren, sich ggf. überwachsenden Arten einer Gattung die Abkürzung für die Mehrzahl spp. angehängt.

besondere Bedeutung im Rahmen der Beurteilung von Schadensursachen für die Besiedlung innenseitiger Bauteiloberflächen mit Schimmelpilzen zu.

Entsprechend [Sedlbauer, 2003] muss davon ausgegangen werden, dass eine auf einer Oberfläche abgelagerte Spore vor dem Beginn der biologischen Aktivität den Wasserbedarf zunächst ausschließlich durch Aufnahme von Feuchte aus der Luft deckt. Erst mit dem Beginn der Auskeimung und des Myzelwachstums kann über das Myzel ggf. Feuchte auch aus dem Untergrund aufgenommen werden. Das entstehende Hyphengeflecht kann dann bis zu einer Tiefe von mehreren Millimetern in das Porengefüge von Baustoffen einwachsen, sofern deren Beschaffenheit dies erlaubt (z. B. Fensterprofile aus Holz, die keinen ausreichenden Schutz durch eine Beschichtung mehr aufweisen).

Auf der Grundlage der Untersuchung der Wachstumsbedingungen der wesentlichen, in Innenräumen auftretenden Schimmelpilzarten wurden idealisierte Isoplethendarstellungen, also Linien gleichen Wachstums in Abhängigkeit vom relativen Feuchtegehalt der Luft und von der Temperatur, für unterschiedliche Substrate entwickelt (Bild 12) [Sedlbauer, 2003]. Abgesehen von optimalen Nährböden (z. B. Vollmedien; *Substratgruppe 0)* werden für den baupraktisch relevanten Bereich die *Substratgruppen I* und *II* unterschieden, die wie folgt definiert werden:

- *Substratgruppe I:* biologisch verwertbare Substrate, wie z. B. Tapeten, Gipskarton, Bauprodukte aus biologisch verwertbaren Rohstoffen, Materialien für dauerelastische Fugen,
- *Substratgruppe II:* Baustoffe mit porigem Gefüge, wie z. B. Putze, mineralische Baustoffe, manche Hölzer sowie Dämmstoffe aus nicht abbaubaren Rohstoffen.

Hieraus lässt sich ableiten, dass die Wachstumsvoraussetzungen für fast alle relevanten Arten in Übereinstimmung mit den weiter oben genannten Untersuchungen bei einer Wasseraktivität im Bereich der Bauteiloberflächen von $a_W = 0{,}8$, d. h. bei 80 % relativer Oberflächenfeuchte, prinzipiell erreicht sind. Nur sehr wenige Pilzarten benötigen deutlich höhere Feuchtegehalte oder sogar das Auftreten von Wasser in tropfbar flüssiger Form [Sedlbauer, 2003].

Über den Zeitraum, über den eine derartige oberflächennahe Wasseraktivität gegeben sein muss, bevor es zu der oben beschriebenen biologischen Aktivität kommt, werden in der Literatur verschiedene Angaben gemacht [Sedlbauer, 2003]. Allgemein wird derzeit für das Bauwesen – zweckmäßigerweise, jedoch sehr stark vereinfacht [Messal, 2014] – davon ausgegangen, dass mit der Besiedlung durch Schimmelpilze zu rechnen ist, wenn eine relative Oberflächenfeuchte von $\varphi_i \geq 80\,\%$ über längere Zeit erreicht wird. Während DIN EN ISO 13788 diese Bedingung im Zusammenhang mit Berechnungen an einen monatlichen Mittelwert knüpft, gehen [Sedlbauer, 2003], [Richter, 1999] und DIN/TS 4108-8 davon aus, dass die Bedingungen für das Auskeimen von Schimmelpilzen bereits gegeben sind, wenn entsprechende Oberflächenfeuchten an fünf Tagen hintereinander über 12 Stunden gegeben sind. Die 80 %-Grenze hat sich dabei in den vergangenen Jahren zum Hauptkriterium bei der Beurteilung von Schimmelbefall entwickelt und Eingang in die wärme- und feuchteschutztechnische Normung gefunden. Sie bildet die Grundlage für die Formulierung wärmeschutztechnischer (Mindest)-Anforderungen z.B. in DIN EN ISO 13788 sowie DIN 4108-2 und 3.

Zusammenfassend kann deshalb festgehalten werden, dass für die Beurteilung der Verursachung eines Schimmelpilzbefalls bei Fenstern und Pfosten-Riegel-Konstruktionen das Auftreten von Oberflächentauwasser (bzw. einer relativen Oberflächenfeuchte von 80%) und das Vorhandensein eines geeigneten Nährbodens, beispielsweise in Form von Dichtstoffen oder durch signifikante Verschmutzungen bzw. fehlende Reinigung, die wesentlichen Kriterien sind. Von Verunreinigungen weitgehend freie, glatte und unbeschädigte Oberflächen von Verglasungen, Rahmen und deren Beschichtungen sind daher zunächst vergleichsweise unempfindlich gegenüber einer Besiedlung durch Schimmelpilze.

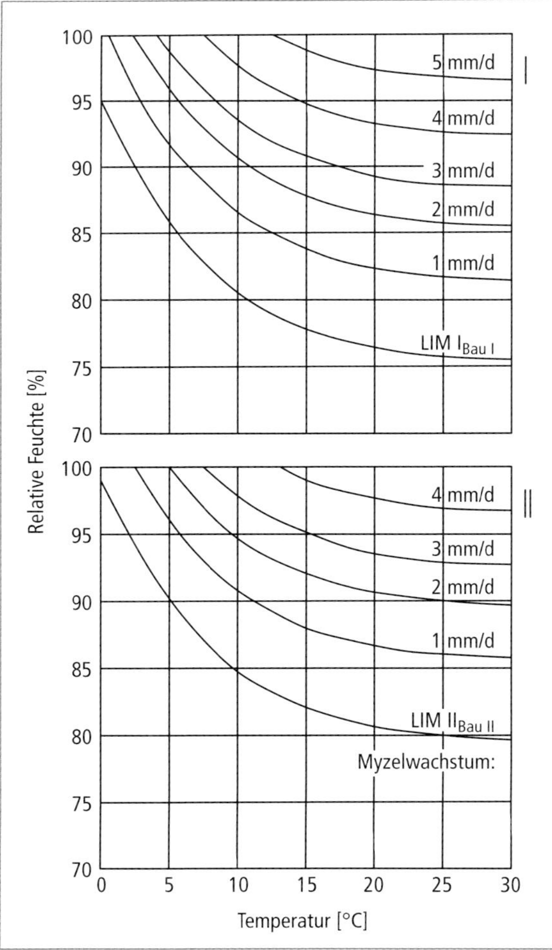

Bild 12 Verallgemeinertes Isoplethensystem für alle Pilze auf den Substratgruppen I und II aus [Sedlbauer, 2003]: Unterhalb des LIM_{Bau} ist auf Baustoffen der entsprechenden Substratgruppe mit keiner biologischen Aktivität zu rechnen.

2.2 Fenstertechnische Grundlagen

Fenster haben als Bauteile zum Verschließen von Öffnungen in einer Gebäudehülle eine lange Geschichte. Mit der architektonischen Moderne und der Verbreitung von Skelettbauweisen als Tragwerke entwickelten sich diese Bauteile auch typologisch von einem kleinteiligen Bauelement in einer Lochfassade mit einem vergleichsweise geringen Flächenanteil hin zu großflächigen Fenster- und vollständig verglasten Fassadenkonstruktionen (Courtain Wall, Pfosten-Riegel-Konstruktionen; Bild 13).

Bild 13 Beispiele für die Entwicklung von Fensterkonstruktionen von kleinteiligen Elementen in Lochfassaden (links) hin zu großformatigen Fensterelementen (Mitte) und vollständig verglasten Pfosten-Riegel-Konstruktionen (rechts)

Die technisch-konstruktive Entwicklung dieser Konstruktionen hier nachzuzeichnen, würde den Rahmen sprengen und bleibt insofern den zahlreichen hierzu bereits vorliegenden Veröffentlichungen vorbehalten (z. B. [Pech, 2005]). Gleichwohl gilt für Fensterkonstruktionen sämtlicher Entwicklungsepochen, dass sie einerseits die Aufgabe hatten, eine Sichtverbindung nach außen, Belichtung, Lüftung, Schall- und Witterungsschutz sowie mit zunehmender Größe auch Sonnenschutz zu gewährleisten, und andererseits einer großen Bandbreite von Einwirkungen unterlagen. Bezüglich dieser Bandbreite sind im Wesentlichen die planmäßigen Einwirkungen zu nennen aus

- Temperaturwechseln im Tages- und Jahresgang,
- Sonnen- bzw. UV-Einstrahlung,
- Niederschlägen (Regen, Schnee, Tauwasser),
- Windlasten,
- Eigenlast (Flügel und Verglasung),
- Bedienungskräften.

Hieraus resultieren Wechselwirkungen und ein komplexes Geflecht an Eigenschaften, das heute über das CE-Kennzeichen und die Deklaration der Eigenschaften nach DIN EN 14351-1 abgebildet wird. Auch hierauf kann an dieser Stelle nicht im Einzelnen eingegangen werden, sondern muss auf die einschlägige Fachliteratur verwiesen werden (z. B. [Sieberath, 2013]).

Unter Berücksichtigung der im Kapitel 1 beschriebenen typischen Schadensbilder und der im vorstehenden Kapitel 2.1 erläuterten bauphysikalischen und mikrobiologischen Grundlagen betreffen die für die vorliegende Darstellung relevanten Bauteileigenschaften im Wesentlichen den Wärmeschutz und werden insbesondere über folgende Größen abgebildet:

› Den Wärmedurchgangskoeffizienten U_w (Index w für *window)* als Maß für den Wärmeschutz gegenüber Transmission und damit die wesentliche Einflussgröße auf die Oberflächentemperatur an Rahmen und Verglasungen sowie
› die Luftdurchlässigkeit Q, ausgedrückt über die Referenzluftdurchlässigkeit Q_{100} bei einem Druck von 100 Pa, als Maß für die Dichtheit einer Fensterkonstruktion gegenüber Luftdurchgang.

Beide Größen werden in den nachfolgenden Abschnitten näher erläutert.

2.2.1 Wärmedurchgangskoeffizient

In Übereinstimmung mit opaken Bauteilen wird das Maß des Wärmedurchgangs über Transmission bei Fensterkonstruktionen über den Wärmedurchgangskoeffizienten U (früher: k) ausgedrückt. Er wird als Produkteigenschaft im Rahmen der CE-Kennzeichnung bzw. der DIN EN 14351-1 nach DIN EN ISO 10077 berechnet oder tabellarisch festgestellt oder nach DIN EN ISO 12567 im sogenannten Heizkastenverfahren messtechnisch ermittelt. Da diese Produkteigenschaften nicht zuletzt auch im Zusammenhang mit übermäßigem Tauwasserausfall und Schimmelbefall häufig zu Streit führen, soll an dieser Stelle kurz auf den Wärmedurchgangskoeffizienten U_w von Fensterkonstruktionen und die diesbezüglichen Einflussfaktoren eingegangen werden.

Der Wärmedurchgangskoeffizient eines Fensters U_w setzt sich dabei proportional zu den Flächenanteilen in erster Linie aus dem U-Wert der Verglasung (U_g) und den U-Werten der Rahmenprofile (U_f) zusammen. Darüber hinaus geht noch der längenbezogene Wärmedurchgangskoeffizient Ψ_g ein, der den kombinierten wärmetechnischen Einfluss von Glas, Abstandhalter und Rahmen an den Rändern von Mehrscheiben-Isoliergläsern berücksichtigt (Bild 14). Bei der Berechnung gemäß DIN EN ISO 10077-1 ergibt sich der Wärmedurchgangskoeffizient eines Fensters U_w grundsätzlich wie folgt:

$$U_w = \frac{\Sigma U_f A_f + \Sigma U_g A_g + \Sigma \psi_g l_g}{\Sigma A_f + \Sigma A_g} \quad (1)$$

mit:

U_f	Wärmedurchgangskoeffizient des Rahmens [W/(m²K)]
U_g	Wärmedurchgangskoeffizient der Verglasung [W/(m²K)]
Ψ_g	längenbezogener Wärmedurchgangskoeffizient [W/(mK)]
$A_{g;f}$	Fläche von Verglasung und Rahmen [m²]
l_g	Länge des lichten Verglasungsrandes [m] (Bild 14)

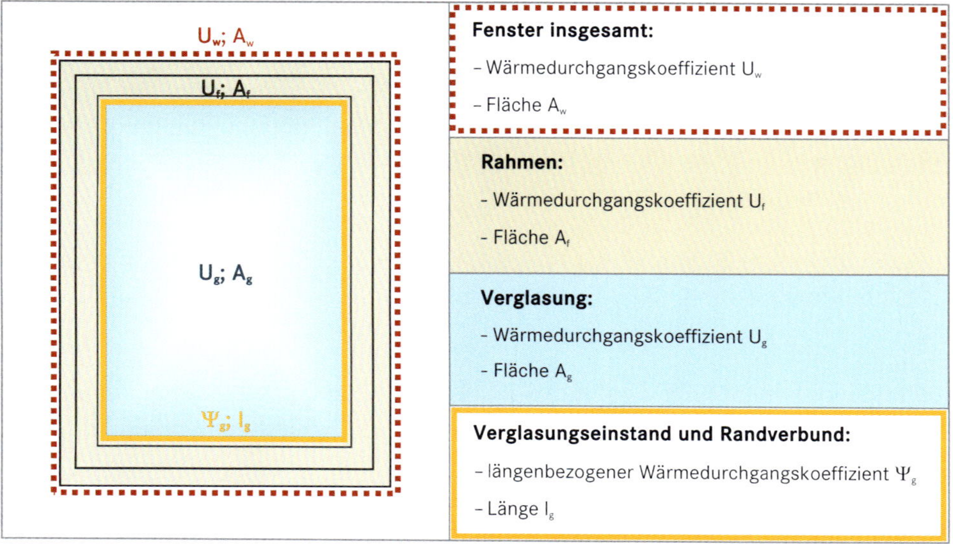

Bild 14 Der Wärmedurchgangskoeffizient U_W eines Fensters und die Eingangsgrößen zu seiner Berechnung nach DIN EN ISO 10077

Anders als bei opaken und insbesondere homogenen Bauteilen ohne Luftschichten, bei denen der Wärmedurchgang im Wesentlichen durch die Wärmeleitung in Feststoffen bestimmt wird, spielen bei Fenstern die komplexen Wechselwirkungen von Wärmeleitung, -strahlung und -konvektion in gas- oder luftgefüllten Hohlräumen eine bedeutende Rolle. Dies gilt insbesondere für die mehrschichtigen Verglasungssysteme, aber auch für die Hohlräume in Rahmenprofilen. Wesentliche Einflussfaktoren für die Wärmetransportvorgänge sind dabei neben den Abmessungen/Proportionen der Hohlräume das Emissionsvermögen und die Temperaturen der Oberflächen von Gläsern und Profilwandungen. Diese Einflussfaktoren finden – mehr oder weniger stark vereinfacht – Berücksichtigung in den einschlägigen Berechnungsansätzen für Verglasungssysteme und Rahmenprofile.

Der längenbezogene Wärmedurchgangskoeffizient Ψ_g sowie der Wärmedurchgangskoeffizient der Rahmen U_f werden dabei in geeigneten numerischen Verfahren nach DIN EN ISO 10077-2, der U-Wert der Verglasung nach DIN EN 673 berechnet.

Anhaltswerte für diese Größen sowie den Wärmedurchgangskoeffizienten U_W können DIN EN ISO 10077 entnommen werden. Konkrete Angaben zur Planung und Bemessung enthalten in aller Regel die Produktdaten der Hersteller von Rahmenprofilen und Verglasungen. Kommen gegenüber den konventionellen Abstandhaltern aus Aluminium thermisch verbesserte Abstandhalter *(Warm Edge)* zur Anwendung, können die diesbezüglichen Werte für Ψ_g aus den Datenblättern des Bundesverbandes Flachglas verwendet werden [BF, 2022]. Die Verwendung derartiger Abstandhalter wirkt sich in erster Linie auf eine Verringerung der Tauwasserneigung am Scheibenrand und den angrenzenden Rahmenbereichen aus (Kapitel I-5.1.1), während sie in Bezug auf eine Verringerung des Gesamt-Wärmedurchgangskoeffizienten U_W nur bei wärmeschutztechnisch sehr hochwertigen Fensterkonstruktionen bzw. sehr hohen energetischen Standards (z. B. Passivhaus) nennenswert ins Gewicht fällt.

In diesem Zusammenhang ist zum Wärmedurchgangskoeffizienten von Verglasungen (U_g) anzumerken, dass dieser zu der früher gebräuchlichen Größe gleichen Namens mit dem Symbol k_V nicht äquivalent ist. So berücksichtigt U_g – anders als früher k_V – ausschließlich die ungestörte Glasfläche, nicht jedoch die unvermeidliche Wärmebrücke im Bereich des Scheibenrandverbunds, die – wie oben dargestellt – bei der heutigen Berechnung des Gesamt-Wärmedurchgangskoeffizienten U_W eines Fensters nach DIN EN ISO 10077 über den längenbezogenen Wärmedurchgangskoeffizienten Ψ_g separat erfasst wird. Analog zu den Verglasungen werden die Wärmedurchgangskoeffizienten U_p ggf. vorhandener opaker Füllungen behandelt.

Liegen, wie bei Kastenfenstern, mehrere Fensterebenen hintereinander, werden die jeweiligen Wärmedurchgangskoeffizienten der einzelnen Fensterebenen zunächst separat berechnet und anschließend wie folgt überlagert:

$$U_W = \frac{1}{\frac{1}{U_{we}} - R_{si} + R_s - R_{se} + \frac{1}{U_{wi}}} \qquad (2)$$

mit:

$U_{we;i}$ Wärmedurchgangskoeffizient des äußeren bzw. inneren Fensters [W/(m²K)]

R_{si} raumseitiger Wärmeübergangswiderstand des äußeren Fensters aus der separaten Berechnung ohne Fensterzwischenraum [(m²K)/W]

R_{se} außenseitiger Wärmeübergangswiderstand des inneren Fensters aus der separaten Berechnung ohne Fensterzwischenraum [(m²K)/W]

R_s Wärmedurchlasswiderstand der Luftschicht zwischen den beiden Verglasungen [(m²K)/W]

Dabei wird davon ausgegangen, dass die Spaltmaße der Fugen in den Fensterebenen umlaufend auf maximal 3 mm begrenzt sind und insofern Strömungsvorgänge keinen erheblichen Einfluss auf den Wärmedurchlasswiderstand R_s der Luftschicht zwischen den Fensterebenen nehmen. R_s kann dann nach ISO 15099 oder VDI 6007-2 berechnet werden.

2.2.2 Einflüsse aus Strahlung und Konvektion auf die Oberflächentemperaturen an Fenstern

Welche Temperatur sich an einer Oberfläche einstellt, bzw. inwieweit eine Bauteiloberfläche gegenüber anderen auskühlt und ggf. von Tauwasserausfall betroffen ist, hängt zunächst von dem vorstehend erläuterten Wärmedurchgangskoeffizienten U ab. Fenster sind hier insoweit besonders exponiert, als sie zusammen mit Türen von jeher zu den wärmeschutztechnisch schwächsten Bauteilen in einer Gebäudehülle gehören.

Bei den wärmeschutztechnischen Eigenschaften von Fensterkonstruktionen besteht dabei im Vergleich z. B. zu opaken Wandbaustoffen die Besonderheit, dass der Wärmedurchgang hier nicht nur durch Wärmeleitung, sondern zusätzlich durch Wechselwirkungen aus Wärmestrahlung und Konvektion in gasgefüllten Hohlräumen und an den sie begrenzenden Oberflächen bestimmt wird. Dies gilt sowohl für die Hohlräume in Fensterprofilen als auch für Verglasungssysteme mit mehreren Ebenen, d. h. bei Doppel- und Mehrscheiben-Isolierverglasungen.

Bei letzteren wirkt sich zudem auch eine Neigung gegenüber der Senkrechten signifikant aus. Dominiert in senkrechter Position die Wärmeleitung im Gas zwischen den Verglasungsebenen (sei es Luft oder sei es das Edelgas in einer Wärmeschutzverglasung), gewinnt mit zunehmender Neigung Konvektion an Bedeutung und intensiviert den Wärmetransport (Bild 15).

Hieraus resultiert eine Erhöhung (»Verschlechterung«) des Wärmedurchgangskoeffizienten U_g gegenüber einer senkrechten Einbaulage, für die der Wärmedurchgangskoeffizient konventionsgemäß deklariert ist ($U_{g,nom.}$; Bild 16). Diese Erhöhung des Wärmedurchgangskoeffizienten kann bei älteren Verglasungen bis zu 50 % betragen [Rossa, 2010].

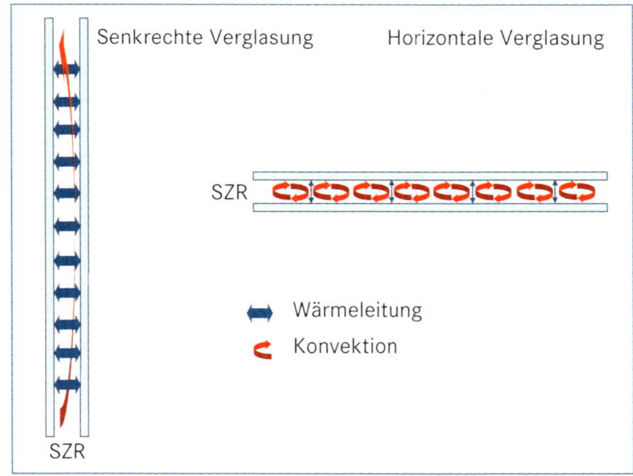

Bild 15 Schematische Gegenüberstellung der maßgebenden Wärmetransportmechanismen im Scheibenzwischenraum von senkrecht und horizontal angeordneten Isolierverglasungen

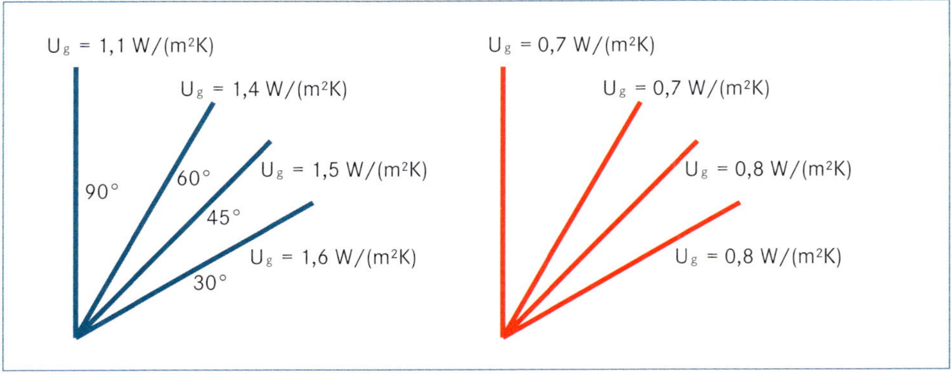

Bild 16 Veränderung des Wärmedurchgangskoeffizienten von Isolierverglasungen mit zunehmender Neigung gegenüber der Vertikalen am Beispiel einer Zweischeiben-Isolierverglasung mit $U_{g,nom.}$ = 1,1 W/(m²K) und einer Dreischeiben-Isolierverglasung mit $U_{g,nom.}$ = 0,7 W/(m²K) (berechnet nach DIN EN 673)

Für das Auskühlen und die insofern erhöhte Tauwasserneigung geneigter Verglasungen spielt zudem Wärmestrahlung noch eine wichtige Rolle. So gibt die Materie von Körpern über ihre Oberfläche oberhalb der absoluten Null-Temperatur bei −273,15 °C (= 0 K) Wärme über elektromagnetische Strahlung im Infrarotbereich des Strahlungsspektrums ab. Gleichzeitig nimmt jeder Körper von anderen Körpern ausgesendete Wärmestrahlung durch Absorption auf und steht insofern in einem Strahlungsaustausch mit anderen Körpern. Die Summe aus Emission und Absorption von Wärmestrahlung wird Strahlungsbilanz genannt.

Das Emissionsvermögen einer Oberfläche wird insbesondere von ihrer Temperatur und ihrer Oberflächenbeschaffenheit bestimmt. Das Maß für dieses Emissionsvermögen bezeichnet der Emissionsgrad ε. Dieser drückt das Emissionsvermögen der Oberfläche als Dezimalbruch im Verhältnis zu einer idealisierten »schwarzen« Oberfläche aus, die theoretisch sämtliche auftreffende Strahlung vollständig absorbiert (ε = 1). Der Emissionsgrad von Rahmenoberflächen von Fenster- und Fassadenkonstruktionen kann unabhängig von ihrer Farbe in den meisten Fällen hinreichend genau etwa mit 0,9 angenommen werden. Für transparentes Glas wird als Kennwert bei wärmeschutztechnischen und strahlungsphysikalischen Berechnungen im Allgemeinen das sogenannte effektive oder korrigierte Emissionsvermögen mit ε = 0,84 angesetzt. Dieses berücksichtigt die »gestreute«, d. h. nicht allein senkrechte Strahlungsemission.

Fehlen Körper für einen Strahlungsaustausch oder befinden sich solche erst in größerer Entfernung, führt dies einerseits zu einem Auskühlen des Gesamtbauteils und damit auch der raumseitigen Oberflächen. Jedoch können sich auch außenseitige Oberflächen im Freien durch Emission von Wärmestrahlung so weit abkühlen, dass die sich einstellende außenseitige Oberflächentemperatur die spezifische Taupunkttemperatur des

Umgebungsklimas unterschreitet und Tauwasser ausfällt. Typischerweise tritt dieses Phänomen – unabhängig von den Jahreszeiten – nachts und besonders häufig bei klarem Himmel auf. Alltägliche Beispiele hierfür sind die geneigten Windschutzscheiben von Autos oder der Tau auf Gräsern und Pflanzen.

2.2.3 Wärmebrücken an Fensterkonstruktionen

Schließlich weisen Fenster und andere verglaste Konstruktionen (beispielsweise Pfosten-Riegel-Fassaden) unvermeidbar zahlreiche konstruktive Wärmebrücken auf, z. B. den Scheibenrandverbund von Isolierverglasungen und deren Einstand im Rahmen. Gerade diese Bereiche am Verglasungsrand, aber auch die Oberflächen von Blendrahmen angrenzend an Laibungen und Fensterbänke unterliegen zudem geometrisch bedingt erheblicher thermischer Abschirmung, die ein Auskühlen und damit das Auftreten von Schimmelbildung zusätzlich begünstigt (Bild 17).

Bei der Berechnung des Wärmedurchgangskoeffizienten U_f für Rahmen nach DIN EN ISO 10077-2 und auch bei Isothermenberechnungen wird dieser Einfluss dadurch berücksichtigt, dass für die betroffenen Bereiche ein gegenüber den übrigen Oberflächen erhöhter Wärmeübergangswiderstand von R_{si} = 0,20 (m^{2}K)/W angesetzt wird. Dies gilt in aller Regel für die an die Verglasung grenzenden Oberflächen der Glashalteleisten und die angrenzenden Verglasungsränder ebenso wie für die Seitenflächen der Flügelrahmendeckfälze und die angrenzenden Blendrahmenoberflächen.

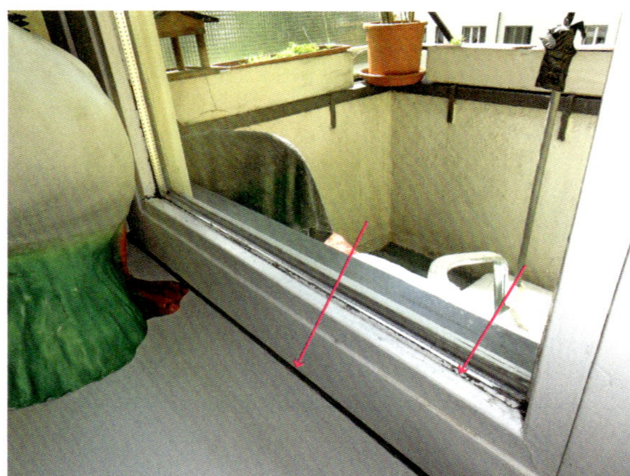

Bild 17 Schimmelbildung auf den Dichtstofffugen im Anschluss zwischen Fensterbank und Blendrahmen sowie Glashalteleiste und Verglasung

2.2.4 Luftdurchlässigkeit

Der Wärmedurchgang infolge Konvektion wird von der Luftdurchlässigkeit bzw. -dichtheit der Fensterkonstruktion bestimmt. Auch wenn in der vorliegenden Darstellung weniger der konvektive Wärme- als vielmehr der durch Luftströmungen bedingte

Feuchtetransport von Bedeutung ist, beruht die Luftströmung durch die Funktionsfugen von Fenstern und innerhalb einer Gebäudehülle ganz wesentlich auf thermodynamischen Vorgängen bzw. Temperaturzuständen.

So herrschen an den Innen- und Außenflächen einer Gebäudehülle während der Heizperiode in Abhängigkeit von den Eigenschaften der Gebäudehülle unterschiedliche Druckverhältnisse, die zu Luftströmungen, der sogenannten Thermik, führen. Zurückzuführen ist dieser Mechanismus auf Unterschiede in der Dichte der Luft. So weist »kalte« Luft gegenüber »warmer« Luft eine höhere Dichte auf, ist demzufolge »schwerer«. Bei einem Gebäude führt dies während der Heizperiode dazu, dass im unteren Bereich der Gebäudehülle auch bei Windstille »kalte« Außenluft das Bestreben hat, über Luftundichtheiten einzudringen und »warme« Raumluft nach oben zu verdrängen, wo diese wiederum im oberen Bereich der Gebäudehülle das Bestreben hat, nach außen zu strömen. Die Luft führt dabei Wärmeenergie über Konvektion nach außen ab, aber auch die im Gebäude entstehende Nutzungsfeuchte mit sich. An der Innenseite der Gebäudehülle stellt sich – in Abhängigkeit von den ein- und austretenden Luftmassen – folglich ein Druckgefälle von oben (Überdruck) nach unten (Unterdruck) ein. Sind die Öffnungen in der Gebäudehülle, über die Luftströmung erfolgen kann, im oberen und unteren Bereich quantitativ etwa gleichmäßig verteilt, stellt sich auf etwa halber Gebäudehöhe eine druckneutrale Zone ein (Bild 18).

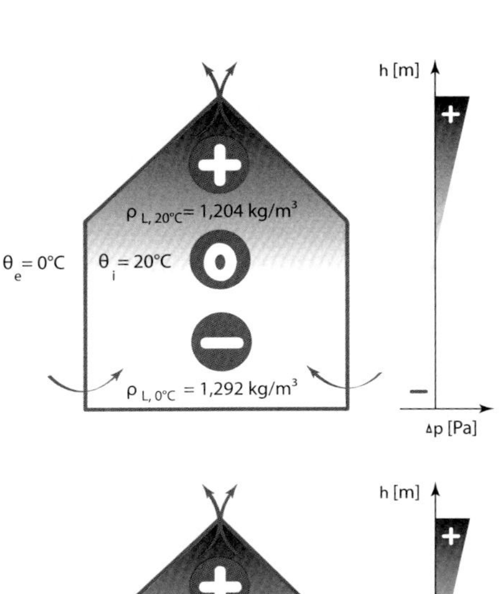

Bild 18 Schematische Darstellung der sich an einer Gebäudehülle infolge Thermik einstellenden Druckverhältnisse

Überwiegen Öffnungen im Bereich des Daches oder im Erdgeschoss, verschiebt sich die Lage dieser druckneutralen Zone entsprechend nach oben oder unten. In Abhängigkeit von der geografischen Lage, der Exposition des Gebäudes und den Witterungsverhältnissen kann dieser Mechanismus ggf. auch von Windeinwirkung überlagert werden. Die druckneutrale Zone stellt sich – auch bei zusätzlichen Einflüssen durch Wind – immer so ein, dass für die jeweiligen Druckdifferenzen an der Gebäudehülle die gleiche Luftmasse ein- wie ausströmt, d. h. eine ausgeglichene Massenstrombilanz vorliegt (z. B. [Zeller, 2015]).

In kleinerem Maßstab lassen sich diese Mechanismen in gleicher Weise auch auf Fenster übertragen. Auch hier erfolgt über die Funktionsfugen in der unteren Fensterhälfte das Eindringen »kalter« und in der oberen Hälfte das Austreten »warmer« Luft, wobei in Abhängigkeit von der Lage der Fenster in der Gebäudehülle (z. B. in Erd- oder Dachgeschoss) Eindringen oder Austreten überwiegen. Auch an Rahmen- und Verglasungsoberflächen fühl- und messbare Fallluftströmungen, die häufig als Zugluft wahrgenommen werden, beruhen auf der höheren Dichte der sich an der Oberfläche abkühlenden Luft gegenüber der Raumluft.

Je nach Fensterkonstruktion, Vorhandensein, Bauart und Funktionsfähigkeit von Dichtungen, etwaigen Verformungen, raumklimatischen Randbedingungen etc. hat die Luftdurchlässigkeit aufgrund der mit den Luftmassen transportierten Feuchte ggf. erheblichen Einfluss auf Schimmelbefall innerhalb von Fensterkonstruktionen, wie im Kapitel I-6.3 ausführlich erläutert wird. Auch wenn in diesem Zusammenhang der konvektive Wärmedurchgang bzw. die einschlägigen Kennwerte zur Abbildung der Dichtheit von Fensterkonstruktionen nur mittelbar von Bedeutung sind, werden nachfolgend die diesbezüglichen Grundlagen kurz umrissen.

Die Dichtheit der Funktionsfugen von Fenstern gegenüber Luftdurchgang bzw. konvektivem Wärmetransport wird über die Referenzluftdurchlässigkeit Q_{100} bei einem Druck von 100 Pa, bezogen auf 1 m^2 in ($m^3/(hm^2)$) oder 1 m Fugenlänge in ($m^3/(hm)$), ausgedrückt. Die Luftdurchlässigkeit wird in der Regel prüftechnisch nach DIN EN 1026 ermittelt und nach DIN EN 12207 klassifiziert (Klassen 1 bis 4). Sie ist – wie auch der Wärmedurchgangskoeffizient U_w – Bestandteil der deklarierten Produkteigenschaften nach DIN EN 14351-1.

Die Referenzluftdurchlässigkeit hat spätestens mit dem Zurückziehen der DIN 18055 in der Ausgabe 1981-10 und der Neuausgabe dieser Norm Ende 2014 die bis dahin gebräuchliche Größe des Fugendurchlasskoeffizienten a abgelöst, der auf die Fugenlänge sowie eine Druckdifferenz von 10 Pa bezogen und insofern in der Einheit $m^3/(h \cdot m \cdot da\ Pa)$ angegeben wurde. Der Fugendurchlasskoeffizient a und die Referenzdurchlässigkeit Q_{100} stehen zueinander in folgendem Zusammenhang:

$$a = Q_{100}\left(\frac{10\ Pa}{100}\right)^{\frac{2}{3}} \tag{3}$$

3 Untersuchungen und Grundlagenermittlung

3.1 Schadensbild

Ausgangspunkt jeder Beurteilung ist natürlich das gerügte bzw. zu beurteilende Schadensbild. Dieses sollte detailliert beschrieben und dokumentiert werden, z.B. hinsichtlich örtlicher Lage und räumlicher Ausdehnung von Schimmelbefall und Tauwasserbildung, vorhandenen Ablaufspuren und Verschmutzungen etc. Darüber hinaus sollten bei aktuell vorhandenem Tauwasserausfall die klimatischen Randbedingungen festgestellt oder bei vorliegenden Schilderungen von Tauwasserausfall erfragt werden.

3.2 Fensterkonstruktion und wärmeschutztechnische Qualität

Zunächst einmal ist die Fensterkonstruktion zu unterscheiden, also ob es sich bei den betroffenen Fenstern um Kasten- oder Doppelfenster, um Verbundfenster, um Einfachfenster mit Mehrscheiben-Isolier- oder Einfachverglasung, um Dachflächenfenster oder Lichtkuppeln handelt.

In diesem Zusammenhang sind im Hinblick auf den Wärmeschutz und die Tauwasserneigung nicht zuletzt auch die Rahmenwerkstoffe von Bedeutung. Hier werden bei Fenstern als am weitesten verbreitet insbesondere unterschieden:

› Holzprofile (Nadel- und Laubholz, Verbundwerkstoffe aus Holz und Dämmstoff),
› Hohlprofile aus Kunststoff (PVC-U),
› Hohlprofile aus Metall (Aluminium oder Stahl) sowie
› Profilkombinationen zumeist aus Holz und Aluminium oder Kunststoff und Aluminium.

Im Hinblick auf die Problemstellung spielt dabei eine besondere Rolle, ob und inwieweit aufgrund ihrer hohen Wärmeleitfähigkeit bei Metallprofilen einteilige oder mehrteilige, thermisch getrennte Profile für die Fenster- oder Fassadenkonstruktion verwendet wurden (Bild 19).

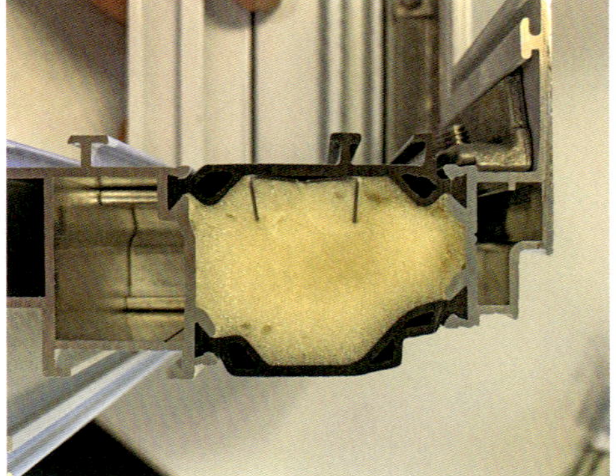

Bild 19 Fensterflügel aus einteiligen Aluminiumprofilen (links) und thermisch getrenntes Flügelrahmenprofil aus zwei Profilschalen, die über Stege aus Polyamid und einen ausgeschäumten Zwischenraum miteinander verbunden sind (rechts)

Schließlich ist die wärmeschutztechnische Qualität der Verglasungen sowie bei Isolierverglasungen ggf. des Scheibenrandverbundes (herkömmlicher Scheibenrandverbund oder *Warm Edge)* von maßgeblicher Bedeutung. Wichtige Informationen hierzu sind bei Isolierverglasungen in der Regel den Aufdrucken oder Prägungen auf dem im Scheibenrandverbund vorhandenen Abstandhalter zu entnehmen. Alternativ oder ergänzend können mit speziellen Messgeräten die Anzahl und Dicke der Scheibenebenen sowie deren Abstände (Scheibenzwischenräume) bestimmt werden (Bild 20).

Bild 20 Laser-Messgerät zur Feststellung des Aufbaus von Mehrscheiben-Isolierglas

Darüber hinaus zeigen diese Messgeräte meist auch Vorhandensein und Lage etwaiger Beschichtungen an. Damit ist zumindest eine Einschätzung möglich, ob es sich um eine herkömmliche luftgefüllte Isolierverglasung ohne wärmeschutztechnisch wirksame Beschichtung, oder um eine sogenannte Funktionsverglasung mit beschichteten

Scheiben handelt. Soweit es sich nicht um Sonnenschutzverglasungen handelt, kann bei einer vorhandenen Beschichtung von einer sogenannten Wärmeschutzverglasung ausgegangen werden, die auch über eine Befüllung des Scheibenzwischenraums mit Edelgas (zumeist Argon) verfügt.

Bei älteren Isolierverglasungen kann eine entsprechende Überprüfung auch ohne Messgeräte mit dem sogenannten Flammentest erfolgen, bei dem z. B. mit einem herkömmlichen Feuerzeug eine Flamme vor die zu überprüfende Verglasung gehalten wird, die dann von sämtlichen Oberflächen der vorhandenen Glasebenen reflektiert wird (d. h. bei einer Zweischeiben-Isolierverglasung zeigen sich 4 Flammen). Anhand abweichender Färbungen der reflektierten Flammen können beschichtete Oberflächen der Glastafeln erkannt werden.

3.3 Dichtheit

Je nach örtlicher Lage der Schadensbilder spielen auch Vorhandensein und ggf. Art, Anzahl, Zustand und Ausführungsqualität von Dichtungen in den Funktionsfugen der Fenster eine Rolle. Sind bei älteren Fenstern, etwa Holzkastenfenstern, keine solchen Dichtungen vorhanden, sind die Passungen der Fälze von Flügel- und Blendrahmen zu überprüfen. In aller Regel kann dies von der Raumseite aus bei verriegeltem Fenster visuell mit einem Taschenspiegel erfolgen. Dabei wird geprüft, ob der Flügel am Blendrahmen anliegt, oder ob zwischen dem Flügelrahmendeckfalz und der raumseitigen Oberfläche des Blendrahmens auffällige Spalte verbleiben (Bild 21).

Bild 21 Überprüfung der Passung zwischen Flügel- und Blendrahmenfalz anhand des Spaltmaßes raumseitig zwischen Flügelrahmendeckfalz und Blendrahmen

Dabei ist zu beachten, dass insbesondere bei mehrere Jahrzehnte alten Konstruktionen abgelesene Spaltmaße von 1 bis 2 mm häufig bereits durch Schattenwurf gerundeter Kanten als klaffende Fugen erscheinen, zumeist jedoch noch keinen Rückschluss auf eine fehlende Passung oder übermäßige Undichtheiten zulassen, sondern vielmehr als üblich einzustufen sind. Das Einlegen und Herausziehen eines Papierstreifens zur Überprüfung der Dichtheit, der sogenannte Papierstreifentest, ist zur Überprüfung der Dichtheit von Fensterkonstruktionen ohne Dichtungen nicht geeignet.

Sind Dichtungen vorhanden, ist deren Zustand und Wirksamkeit von Bedeutung, insbesondere ob diese vollflächig anliegen, die Dichtungsebene Lücken aufweist etc. Dies betrifft zunächst eine ausreichende Elastizität bzw. das erforderliche Rückstellvermögen des Dichtungsquerschnitts, um den Fugenraum vollständig und mit dem notwendigen Andruck an den Anlageflächen auszufüllen. Dabei ist auch die Lage des Flügels im Blendrahmen, d.h. die Lage der Dichtungen zu den betreffenden Anlageflächen von Bedeutung (Bild 22).

Bild 22 Unwirksame Überschlagdichtung infolge eines fehlenden Übergriffs des Deckfalzes auf den Blendrahmen

Die Funktionsfähigkeit sogenannter Überschlagdichtungen im raumseitigen Deckfalz von Flügelrahmen kann dabei z.B. taktil mit einem abgewinkelten Blechstreifen geprüft werden. Bei ausreichend dicht anliegender Dichtung wird das abgewinkelte Ende fest zwischen Dichtung und Blendrahmen gehalten, bei fehlendem oder unzureichendem Anliegen rutscht es hingegen heraus (Bild 23).

Abgesehen von einer visuellen Überprüfung können Schwachstellen von der Raumseite aus bei verriegeltem Flügel insbesondere mit einem Thermoanemometer festgestellt werden (Bild 24).

Bild 23 Prüfung des Andrucks einer Überschlagdichtung mit einem abgewinkelten Blechstreifen

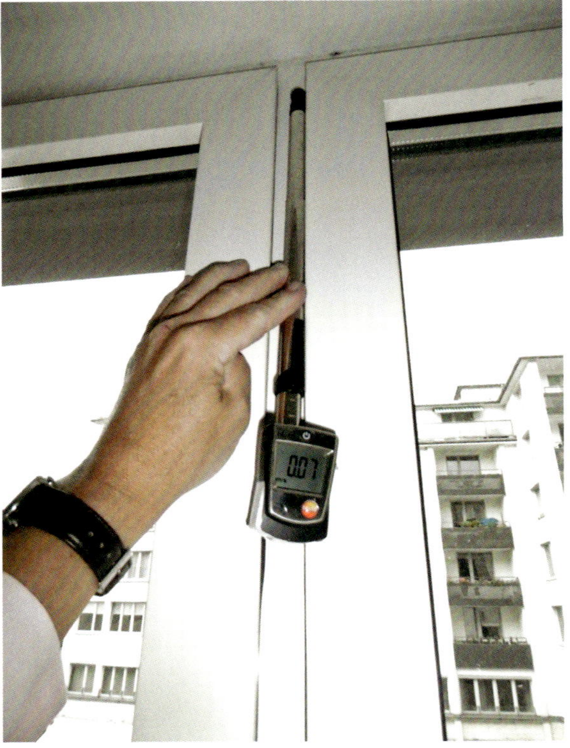

Bild 24 Überprüfung der Dichtheit einer Fuge zwischen Blend- und Flügelrahmen mit einem Thermoanemometer

Der Anwendung eines Strömungsprüfers (sogenanntes Rauchröhrchen) stehen nach der Erfahrung der Autoren bei der zumeist nur von der Innenseite möglichen Prüfung sehr häufig die an der Fassade herrschenden Druckverhältnisse entgegen, sodass sich auch bei erheblichen Undichtheiten der Rauch dann lediglich im Falzraum verteilt, nicht jedoch sichtbar nach außen tritt.

Der oben genannte Papierstreifentest ist nach der Erfahrung der Autoren lediglich bei Holzfenstern sowie bei Kunststofffenstern mit Überschlagdichtungen anwendbar (Bild 25). Bei Kunststoff-Fenstersystemen mit zusätzlicher Mitteldichtung und insbesondere bei Aluminium-Fenstersystemen sind hingegen geometrisch und durch die vergleichsweise große, stumpfe Oberfläche der Mitteldichtung bedingt zumeist keine belastbaren Ergebnisse zu erwarten.

Bild 25 Prüfung der Wirksamkeit der Dichtungen am Stulp eines Holzfensters mit einem eingelegten Papierstreifen (»Papierstreifentest«)

Darüber hinaus ist es auch möglich, die Fugendurchlässigkeit (Kapitel 2.2.4) im eingebauten Zustand messtechnisch zu überprüfen. Hierzu muss das zu überprüfende Fenster komplett in Folie eingehaust werden. In dieser Einhausung wird luftdicht eine Kunststoffscheibe mit einer definierten kreisrunden Öffnung eingeklebt und anschließend der Luftwechsel im Unterdruckverfahren mithilfe einer sogenannten Blower Door ermittelt.

Überdies kann in bestimmten Fällen insbesondere für die unteren Falzbereiche die Schlagregendichtigkeit von Bedeutung sein. Diesbezüglich sind insbesondere die konstruktiven Randbedingungen zu überprüfen, also etwa Breite und Tiefe von Tropfkanten, Vorhandensein von Regenschutzschienen, Entwässerungsöffnungen etc.

3.4 Gangbarkeit, Funktion von Verriegelungen und Beschlägen

Unter Berücksichtigung der oben im Kapitel 2.2 genannten Anforderungen an Fensterkonstruktionen einerseits und der aus den zahlreichen Einwirkungen resultierenden Beanspruchungen andererseits kommt der Funktionsfähigkeit der Beschläge und Verriegelungen besondere Bedeutung zu. Sie haben die Aufgabe, in geöffnetem Zustand die nutzungs- und umgebungsbedingten mechanischen Einwirkungen schadenfrei abzutragen und in verriegeltem Zustand eine zentrierte Flügellage mit einem umlaufend gleichmäßigen Andruck der Dichtungsebenen zu gewährleisten. Insofern ist neben der oben erläuterten Dichtheit insbesondere zu überprüfen, ob Fensterflügel ohne Weiteres in der dafür vorgesehenen Funktion geöffnet und mit geeigneten Bedienungskräften wieder verschlossen werden können.

3.5 Schäden an Profilen und Verglasungen

Von besonderer Bedeutung für die Beurteilung von Schimmelbefall oder übermäßiger Tauwasserbildung sind damit in Zusammenhang stehende Schäden an den Profilen und Verglasungen. Für die Profile kommen in erster Linie Beschichtungsschäden, Risse, Dellen etc. infrage, aus denen entweder eine für die Besiedlung mit Schimmelpilzen günstige Oberflächenbeschaffenheit (Bild 26) oder Einschränkungen in der Dichtheit und damit erhöhte konvektive Feuchteeinträge resultieren können (vgl. Kapitel 2.2.4 und 3.3).

Bild 26 Schimmelbildung auf einer hölzernen Glashalteleiste ausgehend von Beschichtungsrissen

Schäden an Mehrscheiben-Isolierverglasungen haben hingegen in aller Regel Tauwasserausfall im Scheibenzwischenraum zur Folge.

3.6 Allgemeine bauliche Situation

Schließlich sollte die allgemeine bauliche Situation berücksichtigt und dokumentiert werden. Von Bedeutung können in diesem Zusammenhang sein u. a. die Höhe der zu beurteilenden Bauteile oberhalb des Geländes (ein- oder mehrgeschossiges Gebäude), die Orientierung der Fenster (Himmelsrichtung), die Anzahl der in einer Wohneinheit verbundenen Geschosse sowie die Beheizung der angrenzenden Räume (normal, niedrig oder gar nicht beheizt, mittels Fußbodenheizung oder über Heizkörper, ggf. Lage der Heizkörper etc.). In Einzelfällen spielen möglicherweise auch klimatische Besonderheiten der unmittelbaren Umgebung eine Rolle, z. B. die Lage an größeren Gewässern o. Ä.

3.7 Raumklima und Oberflächentemperatur

Sofern die Wechselwirkung zwischen Raumklima und Oberflächentemperatur von Profilen und Verglasung für die Beurteilung eine Rolle spielt, kann das in Bd. 42 der Reihe ›Schadenfreies Bauen‹ [Oster, 2020] ausführlich beschriebene »Verfahren Komplexer Datenloggermessungen« angewendet werden.

In diesem Zusammenhang ist hervorzuheben, dass die häufig angewendete »Messung« von Oberflächentemperaturen mithilfe von Infrarotthermografien für die Bewertung von Tauwasser- und Schimmelerscheinungen an Fensterelementen grundsätzlich ungeeignet ist. Hinsichtlich der verfahrensbezogenen Grundlagen wird zunächst auf die Abhandlungen z. B. in [Fouad, 2012] und [Zimmermann, 2012] verwiesen. Demzufolge kann zum einen bereits die Messunsicherheit in Bezug auf absolute Oberflächentemperaturen in dem im Bauwesen relevanten Temperaturspektrum verfahrensbedingt bis zu ±2 K betragen.

Zum anderen zeigen Infrarotthermografien der raumseitigen Oberflächen von Fenstern hinsichtlich der Verteilung der Oberflächentemperaturen und ihrer – dem gegenüber sehr genauen, im Zehntelkelvin-Bereich liegenden – Gradienten im Allgemeinen qualitativ sehr weitgehende Übereinstimmungen, die eine auf den Einzelfall zugeschnittene Bewertung in Bezug auf eine Tauwassergefährdung zumeist überhaupt nicht zulassen. Dies betrifft beispielsweise die typischerweise mehr oder weniger intensive »blaue« Einfärbung der gerade bei Isolierverglasungen mit konventionellem Abstandhalter aus Aluminium bestehenden ausgeprägten Wärmebrücke am Scheibenrand sowie der typischerweise durch Laibungen und Brüstungen thermisch abgeschirmten unteren Blendrahmenbereiche, die häufig als »unzulässige« Wärmebrücken bewertet werden. Eine derartige Bewertung ist jedoch unter Berücksichtigung der Ausführungen oben im Kapitel 2.2.3 zu typischen Wärmebrücken infolge thermischer Abschirmung (Bild 17) und weiter unten in den Kapiteln 4.2.2 und 5.1.1 zu der u. a. hieraus resultierenden grundsätzlichen Tauwasserneigung von insbesondere älteren Fensterkonstruktionen in aller Regel nicht belastbar.

Gleichwohl kann die Messung von Oberflächentemperaturen in besonderen Einbausituationen von Fenstern, an ungewöhnlichen Fensterkonstruktionen o. Ä. Orientierung hinsichtlich der zu erwartenden Tauwasserneigung unter den jeweiligen Randbedingungen geben. In diesem Fall sollten jedoch Kontaktthermometer oder Datenlogger mit Oberflächentemperaturfühlern verwendet werden, die eine Messung unmittelbar auf der Oberfläche ohne Interpretation des jeweils herrschenden Wärmeübergangs erlauben (Bilder 27 und 28).

Bild 27 Messung der Oberflächentemperatur mit einem Kontaktthermometer

Bild 28 Aufzeichnung von Oberflächentemperaturen an thermisch nicht getrennten Aluminiumrahmen und älteren Isolierverglasungen mit Datenloggern und Temperaturfühlern

4 Grundlagen der Beurteilung von Schimmelschäden

4.1 Beurteilungskriterien

In den nachfolgenden Kapiteln wird die sachgerechte Beurteilung von Schimmelbefall und Tauwasserbildung an Fenstern und Pfosten-Riegel-Konstruktionen ausführlich beschrieben. Im Mittelpunkt steht dabei jeweils die Abgrenzung zwischen baulich bedingten und nutzerverursachten Schäden, die den Kern zahlloser gerichtlicher und außergerichtlicher Auseinandersetzungen zwischen den Mietern und Vermietern oder Käufern und Verkäufern von Immobilien bildet und die Gerichte und Sachverständige regelmäßig vor erhebliche Schwierigkeiten stellt.

Für die Abgrenzung zwischen baulich bedingten und nutzerverursachten Schäden sind in der Regel insbesondere zwei Aspekte von Bedeutung: Zum einen die Einhaltung der allgemein anerkannten Regeln der Technik beim Einbau eines betroffenen Bauteils und zum anderen dessen Gebrauchstauglichkeit. So hat der BGH mit seinem Grundsatzurteil [BGH, 2018] klargestellt, dass, falls für bestimmte Anforderungen technische Normen bestehen, jedenfalls deren Einhaltung geschuldet ist. Dabei ist der bei der Errichtung des Gebäudes geltende Maßstab anzulegen. Insofern ist als erster Schritt der Begutachtung zu überprüfen, ob die allgemein anerkannten Regeln der Technik hinsichtlich des Wärmeschutzes sowie ggf. weiterer wesentlicher Aspekte zur Bauzeit eingehalten sind. Ist dies nicht der Fall, wäre unabhängig davon, ob ein betroffenes Bauteil gebrauchstauglich ist oder nicht, von einer baulichen Ursache auszugehen. Sind die allgemein anerkannten Regeln der Technik zur Bauzeit aber eingehalten, ist in einem zweiten Schritt weiter zu untersuchen, ob das betroffene Bauteil im Hinblick auf die Vermeidung von Schimmel oder übermäßigem Tauwasserausfall gebrauchstauglich ist, also einem vertraglich vereinbarten oder sonst gegebenen Gebrauchszweck entspricht. Dies ist dann der Fall, wenn es ohne die Gefahr eines Schimmelbefalls oder übermäßigen Tauwasserausfalls für den jeweiligen Gebrauchszweck genutzt werden kann und dabei keine über ein übliches (zumutbares) Maß hinausgehenden Maßnahmen des Nutzers erforderlich sind. Die Frage, was üblich bzw. zumutbar ist, ist dabei eine rechtliche Frage, die letztlich nur im Einzelfall nach den jeweiligen konkreten Umständen beurteilt werden kann (vgl. [Oster, 2021, Kapitel 9.3.1.5]). Die Bestimmung der zur Vermeidung von

Schimmelbefall oder übermäßigem Tauwasserausfall geeigneten und erforderlichen Maßnahmen ist dagegen Aufgabe des Sachverständigen. Hierbei sollen die nachfolgenden Kapitel eine umfassende Hilfestellung bieten.

4.2 Wärmedurchgang infolge Transmission

Der Wärmedurchgang durch Fenster infolge Transmission wird in der Regel mithilfe des Wärmedurchgangskoeffizienten U beschrieben (Kapitel 2.2.1). Nachfolgend wird zunächst ein Überblick über die wärmeschutztechnische Entwicklung des Bauteils Fenster und der mit dieser Entwicklung einhergehenden Anpassung der Anforderungen an den Wärmedurchgangskoeffizienten gegeben. Hierauf aufbauend werden anschließend die Anforderungen bezüglich der Vermeidung von Oberflächentauwasser an Fenstern dargestellt, ehe abschließend die Beurteilung des Wärmedurchgangs infolge Transmission erläutert wird.

4.2.1 Wärmeschutztechnische Entwicklung und Anforderungen an den Wärmedurchgangskoeffizienten

Betrachtet man die wärmeschutztechnische Entwicklung von Fenstern während der vergangenen 150 Jahre, fällt auf, dass diese auch in den vergangenen vier Jahrzehnten scheinbar weniger dynamisch verlaufen ist als bei Wänden, Dächern und anderen opaken Bauteilen. Dies dürfte einerseits dem Umstand geschuldet sein, dass im Gebäudebestand nach wie vor Lochfassaden weit überwiegen und Fensterkonstruktionen im Vergleich zu opaken Wand- und Dachkonstruktionen lediglich einen vergleichsweise geringen Flächenanteil ausmachen. Andererseits sind vor dem Hintergrund des breiten Aufgabenspektrums von Fenstern – insbesondere Belichtung, Lüftung, Witterungs- und Wärmeschutz – den konstruktiven Möglichkeiten zur Begrenzung der Transmissionswärmeverluste unter physikalischen und auch wirtschaftlichen Gesichtspunkten Grenzen gesetzt.

Darüber hinaus setzte – abgesehen von dem insbesondere in Norddeutschland und im ländlichen Raum verbreiteten einfach verglasten Einfachfenster – das typische Doppel- oder Kastenfenster mit zwei separat zu öffnenden Fensterebenen und einem Wärmedurchgangskoeffizienten zwischen ca. 2,4 und 2,7 W/(m^{2}K) zumindest im städtischen Raum seit der 2. Hälfte des 19. Jahrhunderts bereits einen vergleichsweise hohen Maßstab, der bis zur Einführung der Energieeinsparverordnung im Jahr 2002 den wärmeschutztechnischen Anforderungsrahmen an Fenster bestimmte (Bild 29). So forderte die bis dahin geltende Wärmeschutzverordnung in der letzten Ausgabe von 1994 [WSchVO, 1994], lediglich:

»Fenster und Fenstertüren in wärmetauschenden Flächen müssen mindestens mit einer Doppelverglasung ausgeführt werden«.

Die Untergrenze für Wärmedurchgangskoeffizienten liegt bei derartigen konventionellen Verglasungssystemen – d.h. bei Kasten-, Verbund- und Einfachfenstern mit konventionellen Isolierverglasungen ohne wärmeschutztechnisch wirksame Beschichtungen und Edelgasfüllungen – physikalisch bedingt bei $U_{g;\,min.}$ = 2,7 W/(m^{2}K), die Obergrenze bei $U_{g;\,max}$ = 3,1 W/(m^{2}K) (Isolierverglasung mit einem Scheibenabstand von 8 mm).

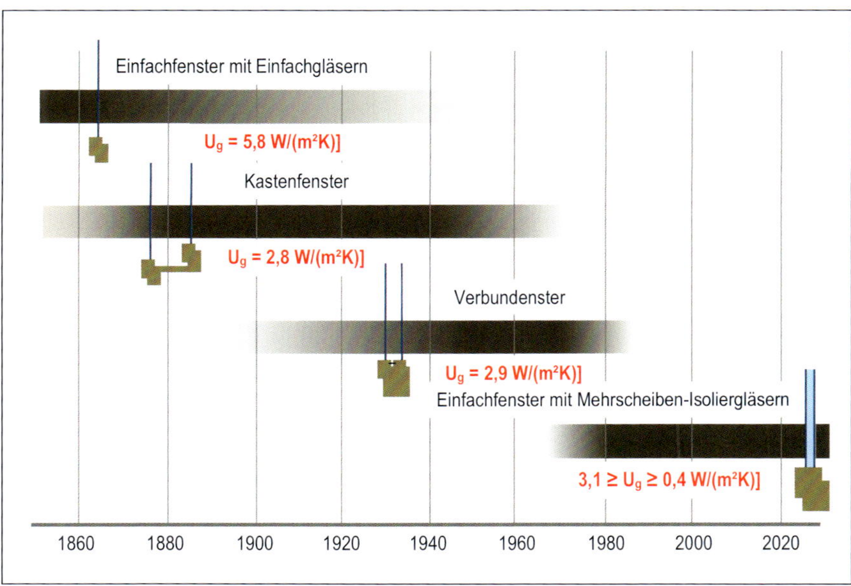

Bild 29 Zeitliche Einordnung der hauptsächlichen Verbreitung der wesentlichen Arten von Fensterkonstruktionen in Lochfassaden mit typischen bauzeitlichen Wärmedurchgangskoeffizienten U_g der zugehörigen Verglasungssysteme aus Einfach-, Doppel- und Mehrscheiben-Isolierverglasungen

Für die Gesamtfenster wurden je nach Konstruktion und Rahmenwerkstoff üblicherweise U_W-Werte zwischen ca. 2,4 und 3,1 W/(m^{2}K) erreicht, womit das Anforderungsniveau an Fenster – für sich betrachtet – seit Mitte der 1970er-Jahre (ergänzende Bestimmungen zu DIN 4108, Oktober 1974) im Wesentlichen unverändert blieb.

Bei Veränderungen im Bestand, d.h. beim Einbau oder Austausch von Fenstern in bestehenden Gebäuden mit normalen Innentemperaturen, war entsprechend Anlage 3 zur [WSchVO, 1994] hingegen für das Gesamtfenster ein Wärmedurchgangskoeffizient k_F (heute: U_w) ≤ 1,8 W/(m^{2}K) einzuhalten.

Die Einhaltung dieser deutlich höheren Anforderungen war bereits infolge des ungleich höheren Flächenanteils nur durch wärmeschutztechnische Verbesserungen an den Verglasungssystemen möglich. Hierfür standen erst seit den 1980er-Jahren farbneutrale

Beschichtungen durch Bedampfung mit Metallionen in relevantem Umfang zur Verfügung. Die Wirkungsweise dieser Beschichtungen beruht auf der Reduzierung des Emissionsgrades der Verglasungsoberflächen, wodurch wiederum der Wärmeübergang durch Wärmestrahlung erheblich verringert wird. Dabei kamen zunächst *Hard Coating*-Beschichtungen zum Einsatz, mit denen der effektive Emissionsgrad von ca. 0,84 etwa auf einen Wert von $\varepsilon \approx 0{,}2$ reduziert werden konnte, und die auch freiliegend, d. h. ungeschützt auf Einfachgläsern eingesetzt werden können. Unter dem Handelsnamen *K-Glass* werden sie auch heute noch für die wärmeschutztechnische Verbesserung von Einfachverglasungen, insbesondere bei Kasten- und Verbundfenstern eingesetzt, da mit ihrer Hilfe die Anforderungen aus der Anlage 7 Nr. 2 zum Gebäudeenergiegesetz [GEG, 2020] eingehalten werden können (Bild 30).

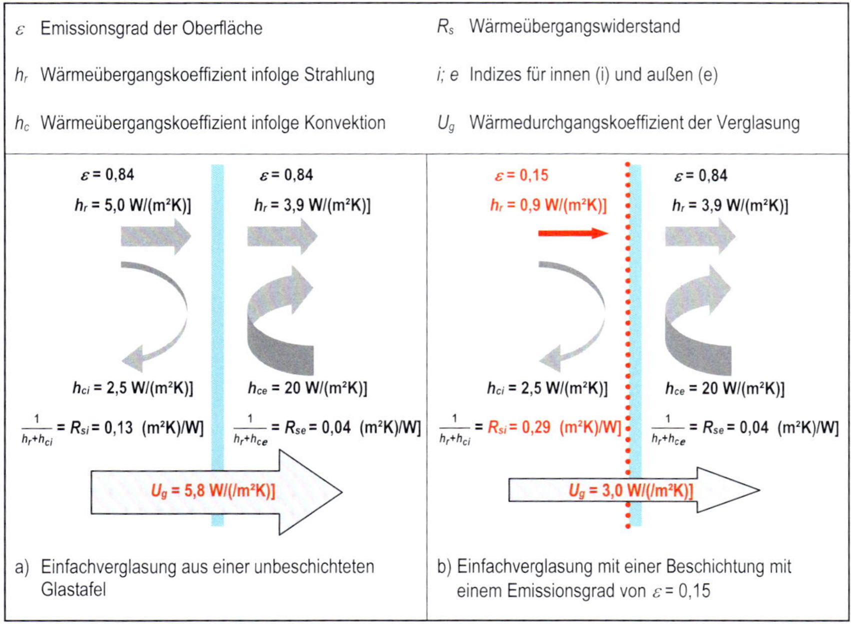

Bild 30 Vereinfachte schematische Darstellung der Wirkungsweise niedrigemittierender Beschichtungen auf Glasoberflächen zur Reduzierung des Wärmedurchgangs

Über noch deutlich geringere Emissionsgrade und damit noch größere wärmeschutztechnische Wirksamkeit verfügen die heute üblichen *Soft-Coating*-Beschichtungen. In Kombination mit diesen Beschichtungen konnten seit den 1990er-Jahren weitere nennenswerte wärmeschutztechnische Verbesserungen durch den regelmäßigen Einsatz von Edelgasen – in erster Linie Argon, in erheblich geringerem Umfang Krypton und in Einzelfällen auch Xenon – anstelle von Luft erzielt werden. Für Zweischeiben-Isolierverglasungen mit einer beschichteten Glastafel mit einem Emissionsgrad von $\varepsilon = 0{,}01$

und einer Kryptonfüllung von technisch bedingt 90 % liegt die Untergrenze für den Wärmedurchgangskoeffizienten bei U_g = 0,9 W/(m²K). Nennenswert geringere U-Werte von Verglasungen bis herab zu etwa 0,4 W/(m²K) können für alltägliche Anwendungen durch den Einsatz von Dreischeiben-Isolierverglasungen erreicht werden (Bild 29).

Die wärmeschutztechnische Entwicklung der Rahmen folgte in den vergangenen vier Jahrzehnten grundsätzlich derjenigen der Verglasungssysteme. Dies war jedoch zunächst weniger gezielten Bestrebungen als dem Umstand geschuldet, dass insbesondere bei den bis weit in die 1970er-Jahre dominierenden Holzfenstern die Rahmenkonstruktionen dicker werden mussten, um höhere Verglasungsgewichte tragen zu können, nachdem seit den späten 1960er-Jahren (Zweifach-) Isolierverglasungen Verbreitung fanden. Bis zu jener Zeit nahm man gerade für hochwertige Bauvorhaben wärmeschutztechnische Nachteile gegenüber Aspekten von Dauerhaftigkeit, Instandhaltung, Stabilität und Ästhetik häufig in Kauf und setzte industriell gefertigte einteilige Rahmenprofile aus Stahl und Aluminium mit entsprechend ungünstigen Wärmedurchgangskoeffizienten ein (Bild 31).

Bild 31 Isolierverglaste Stahlfenster in einem rekonstruierten Fassadenbereich des Institutsgebäudes für Bergbau und Hüttenwesen der TU Berlin (1. und 2. Obergeschoss; Berlin, 1959)

Zum Vergleich: Während die bis heute verbreiteten Holzprofile aus Nadelholz nach DIN 68121 über Wärmedurchgangskoeffizienten zwischen ca. 1,4 und 1,7 W/(m²K) verfügen, liegt der U_f-Wert typischer einteiliger Stahl- und Aluminiumprofile ohne

Kunststoffstege zur thermischen Trennung um ein Vielfaches höher bei in der Regel ca. 7 bis 9 W/(m²K). Der Einsatz derartiger Rahmenprofile war für Verbundfenster oder isolierverglaste Einfachfenster bis zum Inkrafttreten der Wärmeschutzverordnung von 1982 [WSchVO, 1982] zwar noch zulässig ($k_{F;zul.} \leq 3{,}5$ W/(mK)). Bereits aufgrund der vergleichsweise hohen Beschaffungskosten einerseits und der starken Neigung zu ausgeprägtem Tauwasserausfall und Vereisung andererseits fanden diese Konstruktionen jedoch im Wohnungsbau keine nennenswerte Verbreitung (Bild 32). Auch wenn mit den späteren thermisch getrennten Stahl- und Aluminiumprofilen typischerweise deutlich günstigere U_f-Werte in einer Größenordnung zwischen ca. 1 und 2 W/(m²K) erreicht werden, bleiben auch diese Konstruktionen bis heute weit überwiegend Büro- und öffentlichen Gebäuden vorbehalten.

Bild 32 Erheblicher Tauwasserausfall an einem einteiligen, thermisch nicht getrennten Aluminiumfensterprofil in einem Wohnraum

In Wohngebäuden kommen seit den 1970er-Jahren mit stetig steigendem und mittlerweile überwiegendem Anteil die preisgünstigeren Konstruktionen aus PVC-Profilen (Kunststofffenster) zum Einsatz, deren U_f-Werte auch seinerzeit bereits bei lediglich ca. 2 W/(m²K) oder auch darunter lagen. Heutige Standardprofile mit Stahlarmierung erreichen Wärmedurchgangskoeffizienten in einer Größenordnung von ca. 1 W/(m²K), wobei die wärmeschutztechnische Verbesserung hier im Wesentlichen durch eine steigende Anzahl der Unterteilungen der Profile in Kammern senkrecht zum Wärmestrom und seit Neuestem auch durch Profilarmierungen aus Faserverbundstoffen anstelle von Stahl erzielt wird. Wiesen PVC-Rahmenprofile zunächst in aller Regel lediglich drei Kammern in Rahmenmitte auf, verfügen Standardprofile heute über sechs bis sieben Kammern.

Insgesamt fällt auf, dass insbesondere in den vergangenen 10 bis 15 Jahren die Entwicklung des wärmeschutztechnischen Niveaus gerade bei Fenstern weniger durch die öffentlich-rechtlichen Anforderungen aus der DIN 4108-2 oder das Energiesparrecht gesetzt wurden. So stimmen die Anforderungen an Verglasungssysteme in DIN 4108-2 nach wie vor mit den oben zitierten aus der Wärmeschutzverordnung [WSchVO, 1994] überein (Isolier- oder Doppelverglasungen ohne weitere Spezifikation). Lediglich für Rahmen werden mit $U_f \leq 2{,}9$ W/(m²K) sowie für opake Füllungen von teiltransparenten Bauteilen (z. B. Pfosten-Riegel-Konstruktionen oder Fenstertüren) mit $U_p \leq 0{,}73$ W/(m²K) konkretere Anforderungen gestellt. Auch im aktuellen Gebäudeenergiegesetz [GEG, 2020] liegt der durch das Referenzgebäude-Verfahren vorgesehene Standard ebenso wie bei Austausch oder Einbau im Bestand gemäß der dortigen Anlage 7 nach wie vor bei $U_w \leq 1{,}3$ W/(m²K) – ein Wert, der mit dem weitverbreiteten Holzfenster des Typs IV 68 nach DIN 68121 (gerade noch) erreicht werden kann. Die anhaltende Produktentwicklung zu noch deutlich geringeren Wärmedurchgangskoeffizienten scheint hier vielmehr mit der Entwicklung der staatlich geförderten, über das [GEG, 2020] hinausgehenden energetischen Standards zu korrespondieren.

4.2.2 Anforderungen zum Oberflächentauwasserschutz

Fenster und Tauwasserausfall dürften in der Erfahrung von Generationen stets zusammengehören. Bei einfach verglasten Einfachfenstern, die wärmeschutztechnisch stets den schwächsten Bereich einer Gebäudehülle darstellten, waren in Anbetracht des quasi planmäßig in erheblichen Mengen anfallenden Tauwassers innenseitig in der Regel Fensterbänke mit einer sogenannten Schwitzrinne, d. h. einer Vertiefung zur Aufnahme des ablaufenden Kondensats angeordnet. Teilweise waren diese Rinnen mit Bohrungen versehen, über die das Wasser in unterhalb angeordnete, entleerbare Blechkästen abgeführt wurde (Bild 33). Auch bei Kastenfenstern gehörte die Schwitzrinne – hier allerdings im Fensterkasten zwischen den Fensterebenen angeordnet (Bild 34) – zur üblichen Ausstattung. Damit wurde der besonders ausgeprägten Tauwasserneigung von nach außen einfach verglasten Konstruktionen Rechnung getragen.

Bild 33 Schwitzrinne in einer Werksteinfensterbank mit Entwässerung in einen unterhalb angeordneten, entleerbaren Blechkasten (Berlin, ca. 1935)

Bild 34 Schwitzrinne in der Fensterbank im Zwischenraum zwischen den beiden Ebenen eines Kastenfensters (Berlin, ca. 1930)

Aber auch an den raumseitigen Oberflächen von Kasten- und Verbundfenstern ebenso wie isolierverglasten Konstruktionen gehört Tauwasserausfall mehr oder weniger ausgeprägt bis heute zu den unvermeidbaren Begleiterscheinungen der Heizperiode. Dies betrifft im Hinblick auf die dort nutzungsbedingt anfallenden hohen Feuchteeinträge in die Raumluft in erster Linie Fenster in Küchen und Bädern, häufig aber auch in Schlafzimmern oder in ähnlich genutzten Räumen. Dabei wirkt sich die wärmeschutztechnische Entwicklung von Verglasungssystemen und Rahmen insgesamt zwar günstig auf die räumliche und zeitliche Ausdehnung von Tauwasserausfall aus. Allerdings lässt sich Tauwasserausfall auch an wärmeschutztechnisch hochwertigen Fensterkonstruktionen nicht gänzlich vermeiden [ift, 2003] (Bild 35).

Folgerichtig heißt es in der diesbezüglich einschlägigen DIN 4108-2 in Übereinstimmung mit der übergeordneten europäischen DIN EN ISO 13788 wörtlich:

»Die Tauwasserbildung ist vorübergehend und in kleinen Mengen an Fenstern sowie Pfosten-Riegel-Konstruktionen zulässig, falls die Oberfläche die Feuchtigkeit nicht absorbiert und entsprechende Vorkehrungen zur Vermeidung eines Kontakts mit angrenzenden empfindlichen Materialien getroffen werden.«

Zwar wird seit geraumer Zeit – analog zu Wärmebrücken – für Fensterkonstruktionen bzw. den unmittelbaren Randbereich von Verglasungen angrenzend an die Rahmenkonstruktion die Einhaltung eines Temperaturfaktors $f_{Rsi} \geq 0{,}6$ diskutiert [Huber, 2009]. Hierüber hinausgehend wurde in der ift-Richtlinie ›WA-15/2 – Passivhaustauglichkeit von Fenstern, Außentüren und Fassaden‹ [ift, 2011] für den Glasrand in Übereinstimmung mit dem Baukörperanschluss sogar bereits ein Mindest-Temperaturfaktor von $f_{Rsi} \geq 0{,}73$ festgelegt [Huber, 2011]. Beide Temperaturfaktoren erfordern Dreifach-Isolierverglasungen, die Verwendung ausgewählter thermisch verbesserter Abstandhalter *(Warm Edge;* Kapitel 5.1.1) sowie einen gegenüber den Maßen bei herkömmlichen Standard- oder Normfensterprofilen deutlich erhöhten Glaseinstand. Deshalb haben zumindest bislang entsprechende Vorgaben noch keinen Niederschlag als allgemeingültige Anforderungen in einschlägigen wärmeschutztechnischen Regelwerken gefunden.

Bild 35 Tauwasserausfall im Randbereich einer feststehenden bodentiefen Dreischeiben-Isolierverglasung (Berlin, 2014)

4.2.3 Beurteilung des Wärmedurchgangs infolge Transmission

In Bezug auf die in der vorliegenden Darstellung behandelten Schadensbilder kann eine Beurteilung alleine auf der Grundlage von Wärmedurchgangskoeffizienten in aller Regel nicht erfolgen, da die diesbezüglichen Anforderungen aus den einschlägigen Regelwerken insbesondere bei älteren Bestandskonstruktionen zumeist eingehalten werden. Vielmehr ist insbesondere bei älteren Bestandskonstruktionen theoretisch für den jeweiligen Einzelfall die Frage zu beantworten, ob der Wärmeschutz der Fensterkonstruktion ausreichend ist, um die Gebrauchstauglichkeit zu gewährleisten (Kapitel 4.1).

Eine Ausnahme hiervon dürften lediglich Einfachverglasungen und einteilige thermisch nicht getrennte Stahl- oder Aluminiumprofile in Wohnungen oder ähnlich genutzten Räumen darstellen, da hier während der Heizperiode anhaltend erheblicher Tauwasserausfall mit entsprechenden Begleiterscheinungen in Form von Schimmelbefall, Korrosionserscheinungen etc. und ggf. sogar durch ablaufendes Tauwasser verursachte Schäden unterhalb und angrenzend an Innenfensterbänke zu erwarten sind (Bild 32). Da diese Erscheinungen aufgrund der ungünstigen wärmeschutztechnischen Eigenschaften derartiger Konstruktionen unter üblichen raumklimatischen Bedingungen kaum ausreichend sicher vermieden und insofern nutzerseitig auch allenfalls in Grenzen beeinflusst werden können, sind einfach verglaste Einfachfenster und die genannten Rahmen in Wohnungen oder ähnlich genutzten Räumen aus technischer Sicht der Autoren nicht (mehr) als gebrauchstauglich einzustufen.

4.3 Wärmedurchgang infolge Konvektion

Der zweite wesentliche Aspekt bei der Beurteilung der wärmeschutztechnischen Qualität eines Fensters ist seine Luftdichtheit, also insbesondere die Vermeidung einer Luftströmung von außen nach innen im geschlossenen Zustand. Auch für diese Eigenschaft des Fensters werden nachfolgend zunächst die technischen Entwicklungen und hierauf aufbauend die diesbezüglichen Mindestanforderungen dargestellt. Abschließend werden wiederum Hinweise für eine sachgerechte Beurteilung der Dichtheit von Fenstern gegeben.

4.3.1 Entwicklung der Luftdichtheit

Ähnlich wie Tauwasserausfall gehörten auch Zuglufterscheinungen im Bereich von Fenstern über Generationen zu den unvermeidbaren Begleiterscheinungen der kalten Jahreszeit bzw. der Heizperiode. Insofern war man von jeher bestrebt, für die Öffnungsfugen von Fensterkonstruktionen eine möglichst hohe Dichtheit gegenüber Luftdurchgang zu erzielen, um sowohl die hierdurch hervorgerufenen Heizwärmeverluste als auch Einschränkungen der thermischen Behaglichkeit zu verringern. Bereits in der ersten Hälfte des 20. Jahrhunderts war die Luftdurchlässigkeit von Fensterkonstruktionen sowie deren Quantifizierung und Verringerung wiederkehrend Gegenstand wissenschaftlicher Untersuchungen (vgl. z. B. [Raisch, 1922], [Raisch, 1928], [Eberle, 1928], [Siegwart, 1932] und [Heinicke, 1933]).

Zum damaligen Zeitpunkt hatten sich im Lauf der technischen Entwicklung zur Begrenzung des Luftdurchgangs durch Fenster zumindest für Holzkonstruktionen im Wesentlichen folgende Konstruktionsmerkmale herausgebildet:

- Mehrere Falzstufen und Flügel hintereinander (Kasten- bzw. Verbundfenster),
- Mehrere Verriegelungspunkte der Flügel zur Gewährleistung eines möglichst gleichmäßigen Anliegens der Flügel mit gleichmäßig hohem Andruck, z. B. durch sogenannte Ruder, Basküle- oder Schubriegelverschlüsse sowie
- Ausbildung S- bzw. Z-förmiger sogenannter Klemm- oder Kneiffälze (auch »Wolfsrachen« genannt) auf der Bandseite der Fensterflügel in der äußeren Fensterebene von Kastenfenstern (z. B. [Graef, 1874], [Stade, 1904], [Blunck, 1926]; Bild 36).

Bild 36 Klemmfalz (»Wolfsrachen«) am Außenflügel eines Kastenfensters (Cottbus, 1905)

Zwar verschwanden die letztgenannten Klemmfälze aus produktionsökonomischen Gründen seit den 1930er-Jahren wieder (vgl. z.B. [Reitmayer, 1940]), Ansätze zur Anordnung zusätzlicher Dichtungen in den Schließfugen konnten sich jedoch zunächst nicht durchsetzen (vgl. z.B. [Heinicke, 1933]). Die Schließbarkeit über mehrere Verriegelungspunkte sowie mehrere hintereinander angeordnete Fälze bzw. Flügel mit möglichst genauen Passungen blieben insofern die wesentliche Voraussetzung für eine akzeptable Dichtheit von Fensterkonstruktionen, bis in den 1970er-Jahren schließlich Flügel- oder Falzdichtungen aus elastischen polymeren Profilen zum Standard wurden.

Auch bei einer weitgehend einwandfreien Schließbarkeit der Fenster und genauen Passungen der Fälze kann bei älteren Fensterkonstruktionen ohne Flügeldichtungen zwar eine Luftdichtheit entsprechend den heutigen Anforderungen bei Weitem nicht erzielt werden. Allerdings wurde den in [Raisch, 1922] und [Raisch, 1928, S. 486] veröffentlichten Untersuchungsergebnissen zufolge beispielsweise für ein *»gut schließendes Kastendoppelfenster (1,29 m · 1,66 m)«* ein Luftdurchgang von 20 m^3/h bei einem Differenzdruck von 1 mm WS (≈ 10 Pa = 1 daPa) ermittelt. Bei der zugrunde liegenden Fugenlänge von insgesamt ca. 9,60 m (zwei Haupt- und zwei Oberlichtflügel) ergibt sich hieraus ein Wert, der zumindest bei dem zugrunde gelegten Differenzdruck von ca. 10 Pa einem Fugendurchlasskoeffizient von $a \approx 2{,}0\ m^3/(h \cdot m \cdot daPa^{2/3})$ entspricht. Ähnliche Untersuchungen in [Siegwart, 1932] kamen zu nahezu identischen Ergebnissen. Ein derartiger Fugendurchlasskoeffizient entspricht wiederum den Mindestanforderungen, die die Wärmeschutzverordnungen [WSchVO, 1977, 1982 und 1994] bis zum Jahr 2002 für Gebäude mit bis zu 2 Vollgeschossen stellten. Bestätigt wird dies durch die Ausführungen in [Diem, 1987], denen zufolge der genannte Fugendurchlasskoeffizient von $a = 2{,}0\ m^3/(h \cdot m \cdot daPa^{2/3})$ auch von Fensterkonstruktionen ohne umlaufende Flügeldichtungen erreicht werden kann (entspricht $Q_{100} = 9{,}3\ m^3/(hm)$; vergl. Kapitel 2.2.4).

Tatsächlich wurden jedoch spätestens seit Mitte der 1970 er Jahre mit den Verschärfungen der wärmeschutztechnischen Anforderungen aus DIN 4108 Fensterkonstruktionen ohne

Flügeldichtungen zumindest in der Bundesrepublik im Wesentlichen nicht mehr eingesetzt. Für die nächsten vier Jahrzehnte dominierten bei den Holzfenstern die Profiltypen mit einer umlaufenden Mitteldichtung (zunächst IV 63, später insbesondere IV 68 nach DIN 68121). Während die sich seitdem rasch verbreitenden Profilsysteme aus PVC schon früh mit zwei umlaufenden Dichtungsebenen ausgestattet waren, fand die zusätzliche »Überschlagdichtung« im Deckfalz der Flügelrahmen von Holzfenstern erst etwa nach dem Jahr 2000 auch über den Einsatzbereich von Schallschutzfenstern hinaus regelmäßige Anwendung (Bild 37).

4.3.2 Mindestanforderungen an die Dichtheit

Wie oben bereits ausgeführt, sollte bei der Herstellung von Fenstern im Rahmen der technischen Möglichkeiten von jeher eine möglichst große Dichtheit erzielt werden. Konkrete Anforderungen an die Dichtheit wurden dabei allerdings zunächst nicht in Form von Kennwerten gestellt, sondern ergaben sich vielmehr qualitativ aus den allgemein anerkannten Regeln der Technik zu den Konstruktionsprinzipien im Fensterbau.

Bild 37 Flügelrahmen eines Holzfensters mit einer Mittel- und einer »Überschlagdichtung« im Deckfalz

In der Bundesrepublik wurden erstmals mit der Wärmeschutzverordnung von 1977 [WSchVO, 1977] Anforderungen an die Dichtheit über die Einhaltung von Fugendurchlasskoeffizienten gestellt, und zwar mit

- $a \leq 2{,}0\ m^3/(h \cdot m \cdot daPa^{2/3})$ für Gebäude mit bis zu 2 Vollgeschossen (Beanspruchungsgruppe A nach DIN 18055:1981) und
- $a \leq 1{,}0\ m^3/(h \cdot m \cdot daPa^{2/3})$ für Gebäude mit mehr als 2 Vollgeschossen (Beanspruchungsgruppen B und C nach DIN 18055:1981).

Auf einen Nachweis der Einhaltung dieser Fugendurchlasskoeffizienten konnte im ersten Fall (Beanspruchungsgruppe A) für Konstruktionen nach DIN 68121 und im zweiten Fall bis zu einer Gebäudehöhe von 20 m (Beanspruchungsgruppen B und C) für

Konstruktionen verzichtet werden, die mit einer umlaufenden, alterungsbeständigen, weichfedernden und leicht auswechselbaren Flügeldichtung ausgestattet waren. Mit Ausnahme der Verweisdatierungen auf die in Bezug genommenen Normen DIN 18055 und DIN 68121 galten diese Anforderungen unverändert bis zum Inkrafttreten der Energieeinsparverordnung im Jahr 2002.

In DIN 4108-2 (Ausgabe 2013) sowie in den Ausgaben der Energieeinsparverordnung aus den Jahren 2001, 2004, 2007 und 2009 [EnEV, 2001 bis 2009] wird für Fenster in der Anlage 4 jeweils übereinstimmend hinsichtlich der Luftdurchlässigkeit gefordert:

- Klasse 2 nach DIN EN 12207 für Gebäude mit bis zu 2 Vollgeschossen und
- Klasse 3 nach DIN EN 12207 für Gebäude mit mehr als 2 Vollgeschossen.

Gegenüber den Wärmeschutzverordnungen wurden die Anforderungen damit insoweit verschärft, als die nun mindestens einzuhaltende Klasse 2 nach DIN EN 12207 etwa der Beanspruchungsgruppe B nach DIN 18055: 1981-10, und die Klasse 3 etwa der Beanspruchungsgruppe C entspricht.

Aktuell ist dieses Mindestanforderungsniveau in DIN 4108-2 (Ausgabe 2013) geregelt, während in der [EnEV, 2013] und in ihrem Nachfolger, dem [GEG, 2020], keine expliziten Anforderungen an die Luftdurchlässigkeit von Fenstern mehr gestellt werden. Übliche Fensterkonstruktionen können allerdings heute ohne Weiteres die höchste Klasse 4 nach DIN EN 12207 erreichen.

4.3.3 Beurteilung der Dichtheit

Im Zusammenhang mit der vorliegenden Darstellung und den dort behandelten Problemen ist – wie eingangs bereits erwähnt – das Erreichen bestimmter Kennwerte zur Luftdurchlässigkeit bzw. Luftdichtheit weniger von Bedeutung als vielmehr die Fragen,

- ob die zu beurteilende Fensterkonstruktion im Bereich der Funktionsfugen überhaupt mit Dichtungen ausgestattet ist,
- wo sich diese befinden,
- wie diese konstruktiv ausgeführt sind und
- inwieweit diese intakt bzw. funktionsfähig sind.

Möglichkeiten der Untersuchung vorhandener Dichtungen hinsichtlich ihrer Funktionsfähigkeit sind weiter oben in Kapitel 3.3 beschrieben. Für ältere Bestandskonstruktionen ohne bauseitige Dichtungen muss in diesem Zusammenhang auch beurteilt werden, ob sie im Einzelfall gebrauchstauglich sind, d. h. ob die Passungen der Fälze ausreichend genau und die Schließfugen ausreichend dicht sind, um den Luftdurchgang auf ein für diese Konstruktionen akzeptables bzw. unvermeidbares Maß zu begrenzen (Kapitel 4.3).

5 Schimmelbefall an den raumseitigen Oberflächen von Fenstern

5.1 Fenster in Außenwänden

Weit überwiegend befinden sich Fenster senkrecht stehend in Außenwänden. Für diese Fenster – die sich hinsichtlich der Auswirkungen von Wärmeleitung, -strahlung und -konvektion von geneigten Fenstern erheblich unterscheiden können, wie weiter unten gezeigt – wird nachfolgend das gesamte Spektrum von den Ursachen von Tauwasserbildung bis hin zur sachgerechten Beurteilung von Schimmelbefall beschrieben.

5.1.1 Feuchteangebot – Tauwasserausfall an Verglasung

Als Feuchteangebot für raumseitigen Schimmelbefall kommt an Fensterkonstruktionen im Wesentlichen Tauwasser infrage. Wie in Kapitel 4.2.2 dargestellt, lässt sich Tauwasserausfall an den raumseitigen Oberflächen der Verglasungen und Rahmen auch von heutigen Fensterkonstruktionen nicht vollständig vermeiden. Unter üblichen Nutzungsrandbedingungen dürfte dies jedoch in aller Regel auf eng begrenzte Zeiträume von wenigen Stunden täglich sowie räumlich auf die unteren Randbereiche der Verglasungen oder einzelne Rahmenbereiche beschränkt bleiben und stellt insoweit keinen Mangel an einer Fensterkonstruktion dar (DIN 4108-2, DIN EN ISO 13788; Bild 38).

Die Tauwasserneigung insbesondere am unteren Verglasungsrand begründet sich einerseits aus der vergleichsweise geringen thermischen Trägheit der hier typischerweise vorhandenen Konstruktionen. Andererseits liegen insbesondere in den unmittelbaren Randbereichen auch von Isolierverglasungen besondere thermische Verhältnisse vor, die Tauwasserausfall begünstigen, da sie bestimmt werden durch

- zum einen die Wärmebrücke im Bereich des Abstandhalters zwischen den einzelnen Glastafeln, die bei Zweischeiben-Isolierverglasungen mit konventionellem Abstandhalter aus Aluminium besonders ausgeprägt ist und
- zum anderen die thermische Abschirmung insbesondere der unteren Randbereiche von Verglasungen gegenüber der Konvektion warmer Raumluft, da die Verglasungsoberfläche gegenüber der raumseitigen Oberfläche des Flügelrahmens um die Tiefe der Glashalteleiste zurückspringt.

Bild 38 Tauwasserausfall unmittelbar am unteren Rand einer Wärmeschutzverglasung mit konventionellem Abstandhalter aus Aluminium

Insofern muss zumindest in diesen Bereichen über relevante Zeiträume von einem ausreichenden Feuchteangebot für Schimmelpilze ausgegangen werden.

Diese vorstehend genannten Einflüsse sind dabei konstruktiv bedingt und nicht vollständig vermeidbar. Sie können lediglich in ihrer Auswirkung beschränkt werden, beispielsweise durch einen besonders tiefen Einstand der Verglasung im Rahmenprofil oder die Verwendung von »Warmen Kanten« *(Warm Edge)*, d. h. von gegenüber den herkömmlichen Aluminiumprofilen thermisch verbesserten Abstandhaltern aus Edelstahl, Kunststoffen oder Verbundwerkstoffen [ift, 1999], [BF, 2022]. Derartige Abstandhalter gehören bei hohen energetischen Gebäudestandards zu den einschlägigen Ausstattungsmerkmalen von Fenstern (z. B. bei Passivhäusern [PHI, 2014]), haben jedoch auch darüber hinaus so weite Verbreitung gefunden, dass ihr Marktanteil 2016 bereits bei mehr als 60 % lag [Meyer-Quel, 2018].

Zwar können die energetischen Auswirkungen außerhalb besonderer energetischer Gebäudestandards überwiegend als gering angesehen werden, aber im Hinblick auf die Auswirkungen auf die thermischen Oberflächenverhältnisse am ohnehin infolge der thermischen Abschirmung neuralgischen Verglasungsrand einerseits (Bild 39) und den vergleichsweise geringen Mehraufwand andererseits erscheint der Verzicht auf »Warme Kanten« bei den heute üblichen hochwertigen Wärmeschutzverglasungen nach Auffassung der Autoren aus technischer Sicht als weder sinnvoll noch angemessen.

Allerdings wird im Zusammenhang mit nennenswertem Schimmelbefall auf den raumseitigen Verglasungsabdichtungen oder in anderen Bereichen der raumseitigen Oberflächen von Fensterkonstruktionen häufig nicht nur eine zeitweise Tauwasserbildung in unmittelbaren Randbereichen, sondern ein häufiges, länger anhaltendes und flächiges, d. h. über die unmittelbaren Randbereiche der Verglasungen hinausgehendes Beschlagen der raumseitigen Verglasungsoberflächen beschrieben (Bild 40).

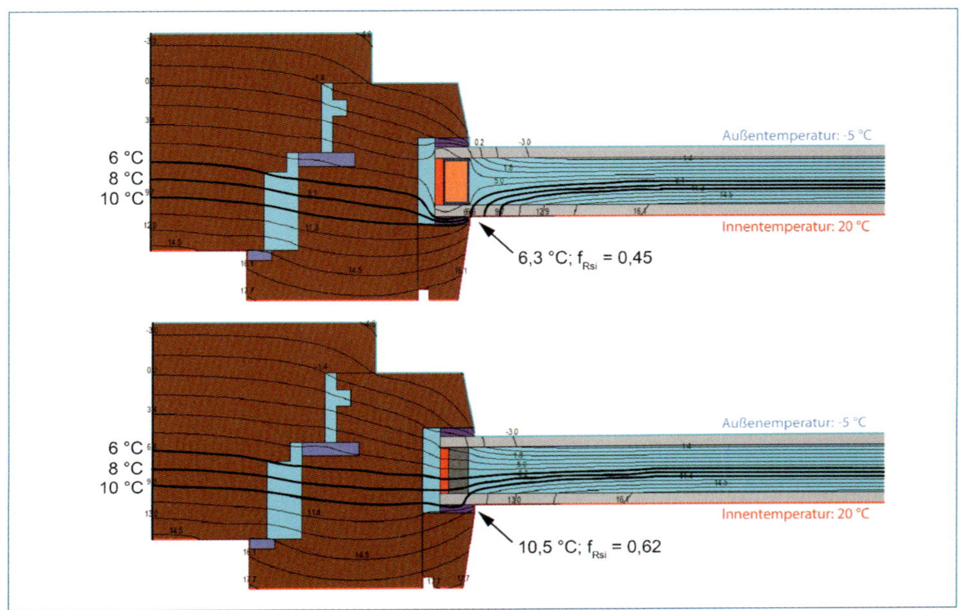

Bild 39 Oberflächentemperaturen in den unmittelbaren Randbereichen einer Zweischeiben-Isolierverglasung (U_g = 1,1 W/(m²K)) mit konventionellem Abstandhalter (oben) und mit einem thermisch verbesserten Abstandhalter aus Kunststoff (unten; Berechnungen mit der Software [LBNL, 2018])

Bild 40 Flächiger, d. h. deutlich über die Randbereiche hinaus gehender Tauwasserausfall an den raumseitigen Oberflächen von Isolierverglasungen

Unter welchen raumklimatischen Bedingungen ein flächiger Tauwasserausfall auftreten kann, verdeutlicht das Diagramm in Bild 41. Hier sind unter Zugrundelegung der Klimarandbedingungen aus DIN 4108-2 zur Bewertung kritischer Oberflächenfeuchten mit einer Außenlufttemperatur von = −5 °C und einer Raumlufttemperatur von = 20 °C die theoretischen Zusammenhänge dargestellt zwischen

- dem Wärmedurchgangskoeffizienten U_g einer Verglasung im ungestörten Bereich, d. h. in ihrer Fläche, und den unter den vorgenannten Klimarandbedingungen zu erwartenden stationären Oberflächentemperaturen einerseits sowie
- zwischen dem Wärmedurchgangskoeffizienten U_g und der relativen Raumluftfeuchte φ_i, die bei 20 °C gegeben sein muss, um auf der Verglasungsoberfläche im ungestörten Bereich Tauwasserausfall hervorzurufen, andererseits.

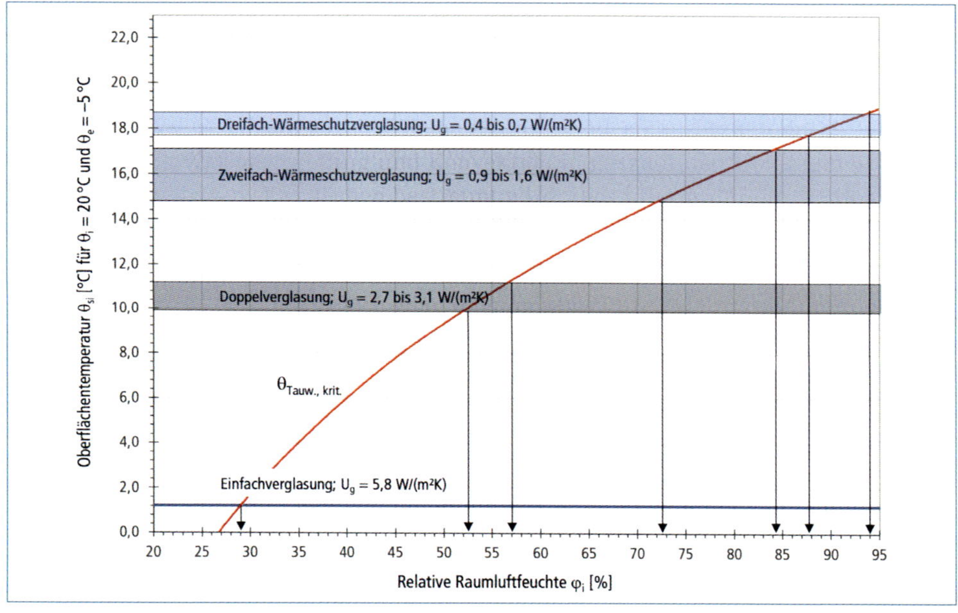

Bild 41 Zusammenhang zwischen dem Wärmedurchgangskoeffizienten einer Verglasung U_g sowie der zu erwartenden Oberflächentemperatur θ_{si} in der Fläche einerseits und der hieraus resultierenden tauwasserkritischen Grenzluftfeuchte φ_i im Raum andererseits (jeweils unter den Auslegungsklimaten für den Mindestwärmeschutz nach DIN 4108-2; R_{si} = 0,13 (m²K/W))

In dem Diagramm fällt zunächst der ungünstige U_g-Wert der Einscheibenverglasung und die hieraus resultierende geringe tauwasserkritische Grenzluftfeuchte auf. Zumindest für Wohnräume oder ähnliche Nutzungen sind insofern einfach verglaste Einfachfenster, d. h. Fensterkonstruktionen mit nur einer einzigen Glastafel als Verglasung, wie sie früher häufig in Bädern, Küchen oder Speisekammern eingesetzt wurden, aus technischer Sicht unter heutigen Nutzungsrandbedingungen nach Auffassung der Autoren als nicht (mehr) gebrauchstauglich einzustufen. Neben der zu erwartenden Intensität von Tauwasserausfall spielen dabei auch die erfahrungsgemäß zu erwartenden Einschränkungen hinsichtlich der thermischen Behaglichkeit infolge von Zuglufterscheinungen aufgrund des »Kaltluftabfalls« und des als übermäßig kalt empfundenen Strahlungsdefizits der Oberfläche aufgrund ihrer geringen Temperatur eine Rolle. Diese Verglasungen sind insofern ebenso zu bewerten wie thermisch nicht getrennte Stahl- und Aluminiumprofile bei Einfachfenstern (Kapitel 4.2.3).

Für die übrigen infrage kommenden Verglasungsaufbauten bei Verbundfenstern, Kastenfenstern und isolierverglasten Einfachfenstern liegt die tauwasserkritische Grenzluftfeuchte für die weitgehend ungestörte raumseitige Fläche der Verglasung mehr oder weniger deutlich oberhalb der in DIN 4108-2 für die Bewertung von Oberflächenfeuchten anzusetzenden relativen Raumluftfeuchte von 50 %. Für die seit Mitte der 1990er-Jahre üblichen Wärmeschutzverglasungen mit etwa $U_g \leq 1{,}7$ W/(m²K) liegt die tauwasserkritische Grenzluftfeuchte unter den genannten Norm-Klimarandbedingungen aus DIN 4108-2 sogar bei über 70 %. Damit gibt anhaltender raumseitiger Tauwasserausfall in der Fläche von Verglasungen in aller Regel zunächst einen deutlichen Hinweis auf unzuträglich feuchte raumklimatische Verhältnisse. Eine detaillierte Bewertung im Einzelfall ist auf der Grundlage der im Band 42 der Reihe ›Schadenfreies Bauen‹ (›Schimmelschäden an Wänden und Decken‹, [Oster, 2020]) in den Kapiteln 6.3 und 6.4 erläuterten Beurteilungsverfahren möglich.

5.1.2 Feuchteangebot – Einfluss thermischer Abschirmung an Verglasungen

Bei der Bewertung im Einzelfall kann – sofern relevant – auch der Einfluss zusätzlicher thermischer Abschirmung berücksichtigt werden. Eine solche zusätzliche thermische Abschirmung von Fensterflächen wird häufig durch dichte Vorhänge, Rollos oder Innenjalousien hervorgerufen, die beim Fehlen von Außenrollläden raumseitig als Sichtschutz oder zur Abdunkelung der Fenster angeordnet werden. Derartige Vorrichtungen führen infolge des verringerten Wärmeübergangs zu einer Absenkung der Oberflächentemperaturen mit der Folge einer proportionalen Erhöhung des Tauwasserrisikos an den Fensteroberflächen (Bild 42).

Bild 42 Flächiger Tauwasserausfall an der raumseitigen Oberfläche einer mit einer Jalousie abgedeckten Isolierverglasung

Gerade in Wohnräumen gehören raumseitige Vorrichtungen zum Sichtschutz oder zur Abdunkelung der Fenster jedoch zur üblichen und vielfach auch notwendigen Ausstattung, insbesondere wenn außenseitige Rollläden nicht vorhanden sind. Sie führen erfahrungsgemäß unter üblichen Nutzungsrandbedingungen und bei Einhaltung charakteristischer Feuchtelasten auch nicht zu Beeinträchtigungen der Gebrauchstauglichkeit von Kasten-, Verbund- und isolierverglasten Fensterkonstruktionen. Zwar ist in Räumen, in denen bei geschlossenem Fenster geschlafen wird, im Zusammenhang mit dichten Vorhängen, Rollos oder Innenjalousien während der Heizperiode gerade bei eher ungünstigen wärmeschutztechnischen Eigenschaften der Verglasungssysteme (herkömmliche Isolierverglasungen ohne Beschichtungen und Edelgasfüllungen sowie Kasten- und Verbundfenster) mit Tauwasserausfall an den raumseitigen Oberflächen zu rechnen, der sich über die Randbereiche hinaus in die Verglasungsfläche erstreckt. Diese Erscheinungen dürften jedoch bei ansonsten üblichem Raumklima in der Regel auf die frühen Morgenstunden beschränkt bleiben, sofern nach dem Aufstehen die Abdunkelungsvorrichtungen geöffnet und die Räume stoßgelüftet werden. Insoweit ist auch derartiger Tauwasserausfall – zumindest aus technischer Sicht – als unvermeidbar und im üblichen Rahmen liegend einzustufen.

5.1.3 Nährstoffangebot – Oberflächenverhältnisse

In Bezug auf einen für Schimmelpilze geeigneten Nährboden sind die Oberflächen von Fensterrahmen und Verglasungen aufgrund ihrer geschlossenen, glatten Oberfläche im Wesentlichen unempfindlich gegenüber Schimmelbefall. Gleichwohl kann durch Staubablagerungen und anderweitige Verschmutzungen ein geeigneter Nährboden entstehen. Besonders anfällig hierfür sind Verglasungsabdichtungen aus Silikondichtstoffen oder polymeren Profilen oder Bereiche von Innenkanten, Rücksprüngen und Fugen. Da entsprechend den vorstehenden Ausführungen ein ausreichendes Feuchteangebot unterstellt werden muss, lässt sich Schimmelbefall im Bereich der Verglasungsränder oder an den raumseitigen Oberflächen von Fensterprofilen – auch bei neuen Fenstern – grundsätzlich nur durch regelmäßige Reinigung in haushaltsüblichen Intervallen sicher vermeiden.

In diesem Zusammenhang führt übermäßiger Tauwasserausfall aufgrund des hohen Feuchteangebots und der hierdurch bedingt verstärkten Anhaftung von Staub und anderweitigen Schmutzpartikeln zu einem erhöhten Schimmelrisiko bzw. zu einem entsprechend erhöhten Reinigungsbedarf. Darüber hinaus werden bei Holzfenstern durch anhaltenden oder häufig wiederkehrenden intensiven Tauwasserausfall an den angrenzenden Verglasungsoberflächen die Beschichtungen übermäßig beansprucht. In der Folge kommt es häufig an den Holzoberflächen zu ausgeprägten Schäden an den Beschichtungen. Die dann freiliegenden und nicht mehr vor dem Zutritt von Feuchte und Sporen geschützten Holzoberflächen stellen wiederum einen gut verwertbaren Nährboden für Schimmelbefall dar und lassen sich in Bezug auf dessen Vermeidung überdies kaum wirksam reinigen (Bild 43).

Bild 43 Schadhafte Beschichtung mit Schimmelbefall

5.1.4 Beurteilung von raumseitigem Schimmelbefall

Insbesondere bei Holzfenstern sind neben der regelmäßigen Reinigung auch die Verhinderung eines häufigen, über die oben beschriebenen üblichen Grenzen hinausgehenden Tauwasserausfalls sowie die Instandhaltung der raumseitigen Beschichtungen wesentliche Voraussetzungen für die Vermeidung von Schimmelbefall an den raumseitigen Oberflächen. In aller Regel dürfte die Einhaltung dieser Voraussetzungen in einem Streitfall über die Ursachen für einen derartigen Schimmelbefall dem Verantwortungsbereich des Nutzers zuzuordnen sein, es sei denn, unter juristischen Aspekten wäre dieser bei einem Holzfenster nicht für die Instandhaltung der raumseitigen Beschichtungen zuständig. Umgekehrt können – abgesehen von einfach verglasten Einfachfenstern und thermisch nicht entkoppelten Metallrahmen – bauliche Ursachen bzw. Mängel an den Fensterkonstruktionen als Ursachen für Schimmelbefall an den raumseitigen Oberflächen von Fenstern zumeist ausgeschlossen werden.

5.2 Fenster in Dächern

Dachflächenfenster und Lichtkuppeln weisen neben den vorstehend beschriebenen Problemen einige technische Besonderheiten auf, die im Zusammenhang mit Tauwasserbildung und Schimmelbefall von Bedeutung sind. Diese werden in den nachfolgenden Kapiteln beschrieben.

5.2.1 Dachflächenfenster

Gegenüber senkrechten Fenstern in Außenwänden unterliegen Fenster in Dachflächen einem potenziell ungleich größeren Risiko von übermäßigem Tauwasserausfall, wobei für Wohnräume die in geneigten Dachflächen angeordneten Dachflächenfenster von besonderer Bedeutung sind. So werden hierbei die vorstehend erläuterten typischen Nutzungseinflüsse häufig von komplexen baulichen Randbedingungen überlagert. Der Grund hierfür liegt in dem Umstand, dass diese Fenster per se besonders gefährdet gegenüber einem kritischen Auskühlen sind, was wiederum auf bauart- und konstruktionsbedingte Eigenschaften zurückzuführen ist:

- Aufgrund ihrer Ausrichtung zum Himmel und dem insoweit fehlenden Strahlungsaustausch mit anderen Flächen unterliegen Dachfenster grundsätzlich einer größeren Wärmeabstrahlung als dies bei senkrechten Fenstern, z. B. im städtischen Kontext, der Fall ist (Kapitel 2.2.2).
- Die notwendigerweise aus der Dachfläche herausgehobene Anordnung der Fenster führt zu konstruktiven und geometrischen Wärmebrücken im Bereich der Laibungen.
- Darüber hinaus wird durch die insoweit bedingten »tiefen« Laibungen die Konvektion warmer Raumluft insbesondere in den unteren Bereichen der Verglasungen behindert. Verschärft wird dies noch, wenn die untere Laibung als horizontale Fensterbank ausgebildet ist und überdies unterhalb keine Heizflächen angeordnet sind (Bild 44).
- Eine weitere Wärmebrücke liegt konstruktionsbedingt im Randbereich der Verglasungen vor, da dieser bei Dachflächenfenstern außenseitig lediglich mit einem dünnen Profil aus Aluminium o. Ä. abgedeckt ist und nicht wie in Außenwänden in ein Fensterprofil einbindet. Besonders ausgeprägt ist diese Wärmebrücke bei älteren Konstruktionen mit konventionellem Abstandhalter aus Aluminium.
- Überdies folgt aus der geneigten Einbaulage von Dachflächenfenstern aufgrund veränderter Wärmetransportvorgänge in der Luft- oder Gasfüllung des Scheibenzwischenraums der Verglasungen eine Erhöhung (»Verschlechterung«) des Wärmedurchgangskoeffizienten U_g gegenüber einer senkrechten Einbaulage, für die der Wärmedurchgangskoeffizient konventionsgemäß deklariert ist (Kapitel 2.2.2).
- Die zur Verdunkelung und Verschattung weitverbreiteten raumseitigen Rollos führen zwar zu einer Verringerung des Wärmedurchgangs insgesamt, jedoch aufgrund der thermischen Abschirmung der Verglasungsoberfläche insbesondere nachts zu einem weiteren Absinken der raumseitigen Oberflächentemperatur und damit einem zusätzlich erhöhten Tauwasserrisiko (Bild 45).

Bild 44 Thermische Abschirmung der unteren Fensterbereiche durch horizontale Fensterbänke und fehlende Heizflächen unterhalb

Bild 45 Morgendlicher Tauwasserausfall am oberen seitlichen Verglasungsrand eines Dachflächenfensters hinter einem Innenrollo

Auch bei einer thermisch weitgehend optimierten Fensterkonstruktion einschließlich hochwertiger Wärmeschutzverglasungen mit U_g-Werten kleiner 1 W/(m² K), der Verwendung außen liegender Verschattungselemente und einer Verringerung der thermischen Abschirmung durch eine günstige Anordnung von Heizflächen bei gleichzeitig entsprechend optimierter Gestaltung insbesondere der Brüstungslaibung ist vorübergehender Tauwasserausfall in den unteren Randbereichen von Verglasungen – wie im vorstehenden Kapitel bereits für senkrechte Fenster in Außenwänden erläutert – auch hier als nahezu unvermeidbar anzusehen. Dies stellt üblicherweise auch kein Problem dar, solange die Holzbauteile des Fensters durch Beschichtungen geschützt sind. Bei ungünstiger Überlagerung der vorgenannten Einflüsse kommt es jedoch zu dem häufig beschriebenen anhaltenden, großflächigen Beschlagen von Verglasungen an Dachflächenfenstern.

Dies hat – zusätzlich zu den Einwirkungen aus Temperaturwechseln und Sonneneinstrahlung – in der Vergangenheit gerade bei den beliebten holzsichtigen Rahmen mit transparenten Lackierungen eine immense Beanspruchung der Beschichtungen zur Folge (Bild 46). Deren intakte Oberfläche ist vor dem Hintergrund des grundsätzlich erhöhten Tauwasserrisikos an Dachflächenfenstern jedoch wesentliche Voraussetzung für die Vermeidung von Schimmelbefall und insofern auch für die Gebrauchstauglichkeit dieser Konstruktionen (Kapitel 2.1.4 und 5.1.3). Die Beschichtungen sind damit wesentliche funktionale Bestandteile von Dachflächenfenstern mit hölzernen Rahmen, sodass ihre Instandhaltung zwingend eine in allen Teilen fachgerechte handwerkliche Ausführung voraussetzt und aus technischer Sicht deutlich über den Charakter von Schönheitsreparaturen hinausgeht. Folgerichtig ergeben sich für derartige Beschichtungen vergleichsweise kurze Instandhaltungsintervalle, die von einzelnen Herstellern je nach zu erwartender raumseitiger Feuchteeinwirkung mit 2 bis 4 Jahren angegeben werden (z. B. [VELUX, 2016]).

Bild 46 Freiliegende Holzoberfläche mit beginnenden Fäulniserscheinungen und schimmelartigen Ablagerungen infolge einer schadhaften Beschichtung

Bei beschichteten Holzkonstruktionen als Dachflächenfenstern ist nach Auffassung der Autoren die ansonsten übliche Zuordnung der Instandhaltung zu den Schönheitsreparaturen daher schon im Hinblick auf die vorstehend genannten Intervalle und die große Bedeutung einer intakten Beschichtung für die technische Funktionsfähigkeit respektive die Vermeidung von Schimmelbefall und Fäulniserscheinungen nicht sinnvoll. Auch der immer noch häufige Versuch, die grundsätzlich dem Vermieter obliegenden Schönheitsreparaturen vertraglich auf den Mieter zu übertragen, erscheint insofern für derartige Dachflächenfenster im Sinne der Erhaltung der Bausubstanz nicht sinnvoll.

Vor diesem Hintergrund ist nach Auffassung der Autoren überdies die Gebrauchstauglichkeit insbesondere von Dachflächenfenstern mit holzsichtigen, transparent beschichteten Rahmenteilen im Geschosswohnungsbau vor allem in Bädern und Küchen mit nutzungsbedingt erhöhter Tauwasserneigung als fraglich anzusehen. Hier sollten stattdessen vorzugsweise kunststoffummantelte oder zumindest deckend hell beschichtete Rahmenkonstruktionen zum Einsatz kommen.

5.2.2 Lichtkuppeln

Bei Lichtkuppeln, Lichtbändern und ähnlichen Bauteilen gelten die oben erläuterten physikalischen Randbedingungen grundsätzlich gleichermaßen. Lichtkuppeln stellen im Unterschied zu Lichtbändern hier insoweit eine Besonderheit dar, als sie zum einen gegenüber einem Auskühlen ähnlich wie Dachflächenfenster exponiert sind und zum anderen eine gewisse Verbreitung im Wohnungsbau gefunden haben. Bauartbedingt stehen hier allerdings weniger die Rahmenbereiche bzw. der aus Kunststoff bestehende und damit feuchteunempfindliche Lichtkuppelkranz, sondern erfahrungsgemäß vielmehr die unterhalb gelegenen Laibungsflächen bzw. Schachtwandungen im Vordergrund. Diese sind typischerweise so wie die angrenzenden Deckenflächen mit Dispersionsfarbanstrichen versehen oder sogar tapeziert und damit entsprechend empfindlich gegenüber Verschmutzung, Feuchteeinwirkung und Schimmelbefall.

Allerdings existieren bislang in den einschlägigen Regelwerken keinerlei konkrete Anforderungen an den Wärmeschutz von Lichtkuppeln. Dies gilt insoweit auch für das aktuelle Gebäudeenergiegesetz [GEG, 2020], als hier im Rahmen der Nachweisverfahren für neu zu errichtende Gebäude lediglich Referenzanforderungen mit einem Wärmedurchgangskoeffizienten von 2,7 W/(m^{2}K) für Lichtkuppeln angesetzt werden. Dabei ist zu berücksichtigen, dass die Wärmedurchgangskoeffizienten von Lichtkuppeln bei der Deklaration der technischen Eigenschaften nach der europäischen Produktnorm DIN EN 1873 in Herstellerunterlagen in aller Regel für das gesamte Element aus Lichtdurchlass (Haube) und Lichtkuppelkranz (mit einer einheitlichen Höhe von 300 mm) als $U_{rc;\,nom\,300}$ angegeben wird.

Unter energetischen Gesichtspunkten mag der Wärmedurchgangskoeffizient aufgrund der vergleichsweise geringen Flächen von Lichtkuppeln unproblematisch sein. Im Zusammenhang mit Tauwasserausfall und dessen Folgen in Form von Ablaufspuren, Verschmutzungen und Schimmelbefall an den Laibungs- und Wandungsflächen kommt den wärmeschutztechnischen Eigenschaften der außenluftberührten Teile von Lichtkuppeln, d. h. insbesondere der lichtdurchlässigen Haube selbst, jedoch große Bedeutung zu.

Betrug der U-Wert üblicher zweischaliger Lichtkuppeln bis um das Jahr 2000 etwa 3,5 W/(m^{2}K), erfolgte seither eine sukzessive wärmeschutztechnische Verbesserung, sodass heute insbesondere in Wohngebäuden und ähnlichen Nutzungen Konstruktionen mit quasi fünfschaligen Lichtdurchlässen und Werten von $U \leq 1{,}0$ W/(m^{2}K) gebräuchlich sind.

Insofern ist unter Berücksichtigung der Ausführungen weiter oben zum Tauwasserausfall an senkrechten Fenstern sowie der besonderen Bedingungen bei Dachfenstern davon auszugehen, dass es insbesondere an älteren Lichtkuppeln auch bei insgesamt unkritischen raumklimatischen Verhältnissen und haushaltsüblichen Feuchteeinträgen zumindest vorübergehend zu Tauwasserausfall an den raumseitigen Oberflächen kommen kann. Die Tauwasserneigung wird dabei noch durch den Umstand erhöht, dass hier lagebedingt – wie im Kapitel 2.2.4 erläutert – zusätzlich mit einem stärkeren konvektiven Feuchtetransport zu rechnen ist als beispielsweise an üblichen senkrechten Fenstern. In diesem Zusammenhang können in Küchen, Bädern und ähnlichen Bereichen bei entsprechend hoher Feuchteproduktion auch an heute üblichen, wärmeschutztechnisch sehr hochwertigen Lichtkuppeln – wie an jeder anderen Fensterkonstruktion auch – zumindest kleinflächig und vorübergehend auftretender Tauwasserausfall nicht vollständig ausgeschlossen werden.

Anders als an Fenstern kann störendes Tauwasser jedoch nicht vom Nutzer ohne Weiteres abgewischt werden, sondern läuft weitgehend ungehindert nach unten ab. Die Folge können in Abhängigkeit von den dort vorhandenen Bekleidungen und Oberflächen an den Laibungsflächen zumindest Verschmutzungen sein – die zumeist nicht durch haushaltsübliche Reinigung, sondern lediglich durch Renovierung beseitigt werden können (Bild 47) – im schlimmeren Fall auch Schimmelbildung. Davon ausgehend, dass – wie eingangs ausgeführt – zeitweise auftretender Tauwasserausfall kaum vermieden werden kann und insofern technisch zulässig ist, führen insbesondere in Räumen mit hoher Feuchteproduktion (Bäder, Küchen o. Ä.) weder ein optimierter Wärmeschutz noch die Einhaltung eines üblichen Raumklimas zu einer sicheren Vermeidung solcher Erscheinungen, sondern lediglich zu einer weniger intensiven Ausprägung.

Bild 47 Ablaufspuren im Bereich einer Lichtkuppel (Berlin, 1998)

Vor diesem Hintergrund ist eine Anwendung von Lichtkuppeln für Wohnnutzungen aus Sicht der Autoren auch bei wärmeschutztechnisch hochwertigen Lichtkuppeln als nicht grundsätzlich unproblematisch einzustufen. Sie führt – wenn durch ablaufendes oder abtropfendes Tauwasser Verschmutzungen, Schimmelbildung und Schäden an Bekleidungen und Bodenbelägen entstehen können – häufig zu Situationen, die aus technischer Sicht als kaum gebrauchstauglich einzustufen sind, auch wenn Lichtkuppeln – die ursprünglich zur Belichtung großer Dachflächen im Zusammenhang mit gewerblichen Nutzungen entwickelt wurden – insbesondere seit den 1990er-Jahre auch eine gewisse Verbreitung im Wohnungsbau gefunden haben.

6 Schimmelbefall innerhalb von Fensterkonstruktionen

6.1 Äußere Ebene von Kastenfenstern

Tauwasserausfall an den Innenflächen der äußeren Verglasungen von Kastenfenstern ist zunächst grundsätzlich als bauart- und konstruktionsbedingt einzustufen. Er lässt sich insbesondere an sehr kalten Tagen oder in Übergangsjahreszeiten mit sehr hohen Außenluftfeuchten in begrenztem Umfang – räumlich insbesondere auf die unteren Randbereiche von Verglasungen und zeitlich auf einige Stunden täglich – nicht vollständig vermeiden. Dies liegt darin begründet, dass der Verglasungszwischenraum – anders als bei einer Isolierverglasung – nicht hermetisch abgeschlossen ist und insofern aufgrund der im Kapitel 2.2.4 beschriebenen Zusammenhänge auch warme, mit Feuchte angereicherte Raumluft zwischen die Fensterebenen gelangen kann. Ob, bzw. in welcher Menge hier Tauwasser ausfällt, hängt dabei im Wesentlichen davon ab, inwieweit

- › die Fugen der inneren Fensterebene luftdurchlässig sind,
- › die in den Scheibenzwischenraum gelangende Raumluft mit Feuchte angereichert ist,
- › über die Fugendurchlässigkeit der äußeren Fensterebene eine Durchlüftung des Scheibenzwischenraums nach außen möglich ist und mehr oder weniger Feuchte in den Scheibenzwischenraum eindringen als ausgetragen werden kann und
- › sich hieraus resultierend in Abhängigkeit von den Feuchtegehalten von Raum- und Außenluft im Scheibenzwischenraum trockenere oder feuchtere Bedingungen einstellen.

Flächiger, über die Randbereiche hinausgehender Tauwasserausfall - bei entsprechend kalten Außenluftbedingungen auch in Verbindung mit flächiger Vereisung (»Eisblumen«; Bild 48) - geht deutlich über die oben beschriebenen Grenzen hinaus und ist insbesondere im Hinblick auf das Risiko von Beschichtungsschäden an den angrenzenden Rahmenteilen und hiermit einhergehendem unvermeidbarem Schimmelbefall auf freiliegenden Holzoberflächen (Kapitel 2.1.4 und 5.1.3) als unzuträglich und nicht hinnehmbar einzustufen.

Bild 48 »Eisblumen« an der Außenscheibe einer Kastenfenstertür

Das Risiko eines derartigen übermäßigen Tauwasserausfalls steigt den vorstehenden Ausführungen zufolge insbesondere mit

- zunehmender Luftdurchlässigkeit der raumseitigen und/oder
- abnehmender Luftdurchlässigkeit der äußeren Fensterebene.

In diesem Zusammenhang sind zuerst offensichtliche Fehlstellen in der raumseitigen Fensterebene als ursächliche Mängel zu nennen. Hierunter fallen zum einen übermäßige Fugenspalten (Bild 49), eine fehlende Verriegelbarkeit infolge alterungsbedingter Verformungen der Flügel, z.B. das »Sperren« von Stulpflügeln (Bild 50) oder ein unzureichender Übergriff der Deckfälze, sodass z.B. die Öffnungen von Schließblechen raumseitig freiliegen (Bild 51). Zum anderen liegen derartige bauliche Mängel auch in Form von quasi planmäßig hergestellten Undichtheiten vor, z.B. Aussparungen in Deckfälzen, Bohrungen in Blend- und Flügelrahmen für Kabel, für Bedienvorrichtungen von Jalousien o.Ä. (Bild 52).

Bild 49 Übermäßige Fugendurchlässigkeit infolge sukzessiver Schwinderscheinungen an den Rahmenprofilen und hieraus resultierende Fugenaufweitungen an einem etwa 100 Jahre alten Kastenfenster

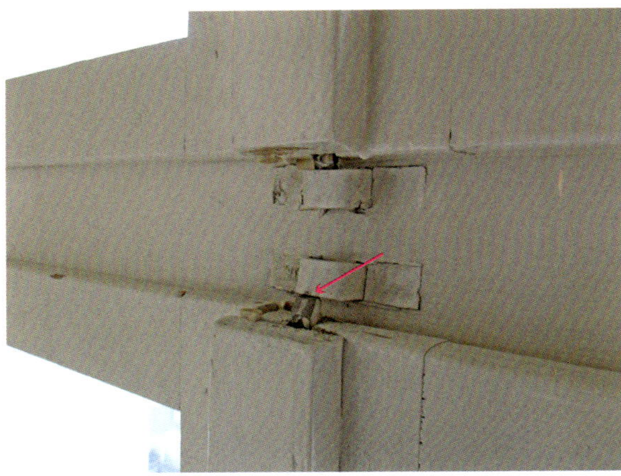

Bild 50 »Sperren« eines Gangflügels im Stulpbereich infolge einer nicht mehr gegebenen Verriegelbarkeit

Hiervon abgesehen wird Tauwasserausfall an der äußeren Fensterebene von Kastenfenstern erfahrungsgemäß jedoch auch mit zunehmender Fugendurchlässigkeit der Gesamtkonstruktion begünstigt, sofern nicht eine überproportionale Luftundichtheit der äußeren Fensterebene für eine Entfeuchtung des Scheibenzwischenraums sorgt. Zumeist führen allerdings bei älteren Konstruktionen über mehrere Jahrzehnte insgesamt stärkere Schwinderscheinungen an den Rahmenhölzern der raumseitigen Fensterebene (Bilder 49 und 51) gegenüber der äußeren zu einer mehr oder weniger erhöhten Fugendurchlässigkeit, die häufig – auch ohne das Vorliegen offensichtlicher oder besonders ausgeprägter Undichtheiten – eine nachträgliche fachgerechte Abdichtung der raumseitigen Fensterebene erfordern [Bredemeyer, 2013]. Diese Maßnahmen sind dann insofern wesentliche Voraussetzung für die Gebrauchstauglichkeit von Kasten- oder auch von Verbundfenstern.

Bild 51 Unzureichender Übergriff eines Flügelrahmendeckfalzes im Bereich eines Schließblechs

Bild 52 »Kabeldurchlass« als Aussparung im raumseitigen Falzbereich eines Kastenfensters

Dies gilt in noch höherem Maße für den Fall, dass im Rahmen von Modernisierungsmaßnahmen in der raumseitigen Fensterebene zur Reduzierung der Transmissionswärmeverluste Glastafeln mit niedrigemittierenden *Hard-Coating*-Beschichtungen (*»K-Glass«*; Kapitel 4.2.1) oder sogar Isolierverglasungen angeordnet werden. So haben diese im Winter eine weitere Absenkung der Oberflächentemperaturen an der Innenseite der äußeren Verglasungsebene und damit eine entsprechende Erhöhung der Tauwasserneigung zur Folge. Da insbesondere bei den im Bestand weitverbreiteten Kastenfensterkonstruktionen mit Stulpflügeln der nachträglichen Abdichtung zur Raumseite hinsichtlich der erzielbaren Dichtheit konstruktionsbedingt Grenzen gesetzt sind, wird in [VFF, 2014] für diese Fälle die Herstellung einer begrenzten, planmäßigen Durchlüftung nach außen empfohlen.

Wiederkehrend flächig oder zumindest ausgeprägt auftretender Tauwasserausfall an der äußeren Verglasung ist bei Vorliegen von über das übliche Maß hinausgehenden Undichtheiten der raumseitigen Funktionsfugen von Kastenfenstern insofern in aller Regel als baulich bedingt einzustufen. So steigt zwar einerseits grundsätzlich die Tauwasserneigung zwangsläufig mit dem Feuchteniveau der Raumluft, andererseits können der Tauwasserausfall und seine Begleiterscheinungen an sich – anders als bei raumseitigem Tauwasserausfall – in aller Regel nur in Grenzen durch planmäßige Einflussnahme des Nutzers auf das Raumklima verhindert oder erheblich reduziert werden.

6.2 Äußere Ebene von Verbundfenstern

Die Randbedingungen für den Ausfall von Tauwasser auf der Innenseite der äußeren Verglasung sind bei Verbundfensterkonstruktionen weitestgehend identisch mit den vorstehend für Kastenfenster beschriebenen. Besonderheiten ergeben sich für Verbundfenster aus der konstruktiven Zusammenfassung zweier Fensterebenen zu einem Flügel. Hieraus wiederum resultiert, dass – unvermeidbar – auftretendes Tauwasser anders als bei Kastenfenstern beim Öffnen der Fenster nicht einfach abtrocknet bzw. abgewischt werden kann, sondern hierzu das je nach Konstruktion mehr oder weniger aufwendige, eigentlich Reinigungszwecken vorbehaltene Öffnen der beiden Teilflügel gegeneinander erforderlich ist. Verbundfenster galten insofern von jeher zwar als grundsätzlich einfacher zu bedienen, jedoch auch als anfälliger gegenüber störendem Tauwasserausfall und den entsprechenden Begleiterscheinungen in Form beispielsweise von Beschichtungsschäden, Schimmelbefall auf freiliegenden Holzoberflächen, Korrosionserscheinungen an den Einlassecken der Flügelrahmen etc. [Klos, 2009] (Bilder 53 und 54).

Bild 53 Tauwasserausfall und Beschichtungsschäden in der äußeren Ebene eines Verbundfensters

Bild 54 Korrosionserscheinungen an den Einlassecken sowie Schimmelbefall im Zwischenraum eines Verbundfensters (Teilflügel entriegelt und auseinandergeklappt)

Aus den Bestrebungen, die Tauwasserneigung von Verbundfensterkonstruktionen unter den zur Verfügung stehenden, gängigen technischen Möglichkeiten zu verringern, entstanden in der 2. Hälfte des 20. Jahrhunderts zwei grundlegend verschiedene Konstruktionsansätze:

1. eine möglichst luftdichte Verbindung der beiden Teilflügel und
2. eine planmäßige Durchlüftung durch Herstellung einer definierten umlaufenden Fuge zwischen den beiden Teilflügeln.

Der unter 1. genannte Ansatz fand nicht zuletzt auf dem Gebiet der ehemaligen DDR Verbreitung. An Verbundfensterkonstruktionen auf der Grundlage z. B. der TGL 22881 konnten die beiden Teilflügel zwar auch gegeneinander geöffnet werden, waren jedoch dicht und ohne umlaufende Fuge zumeist mit freiliegenden Schrauben untereinander verbunden (z. B. [VEB Typ., 1961], [Wiel, 1968]; Bild 55).

Bild 55 Verbundfenster mit dicht über raumseitig sichtbare Schrauben miteinander verbundenen Teilflügeln

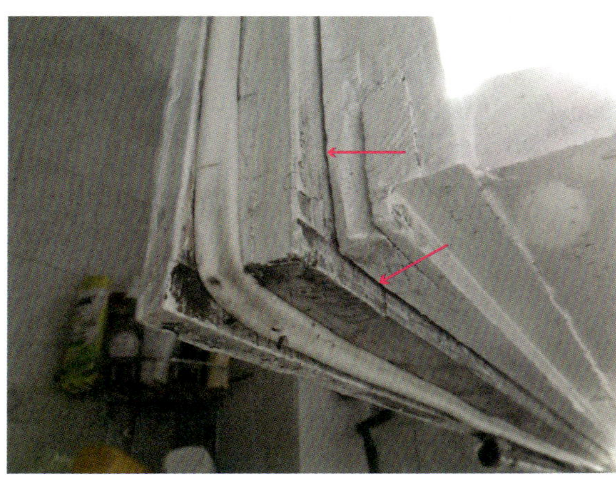

Bild 56 Unterseite eines Flügelrahmens mit planmäßiger Fuge zwischen den beiden Teilflügeln

In Übereinstimmung mit den Erkenntnissen zu Kastenfenstern kristallisierte sich hingegen auf dem Gebiet der Bundesrepublik seit den 1960er-Jahren als wirksame Strategie zur Vermeidung übermäßigen Tauwasserausfalls bei Verbundfenstern heraus, entsprechend dem obigen Punkt 2. eine planmäßige Durchlüftung des Scheibenzwischenraums über eine definierte umlaufende Fuge zwischen den beiden Fensterebenen herzustellen (Bild 56). Dieses wesentliche Konstruktionsmerkmal wurde schließlich um die Anordnung einer umlaufenden Dichtung im Deckfalz raumseitig der betreffenden Fuge zwischen den beiden Teilflügeln ergänzt [ift, 1981], [Klos, 2009].

In Übereinstimmung mit den entsprechenden Ausführungen zu Kastenfenstern im vorstehenden Kapitel dürften bei der Beurteilung von Tauwasserausfall an der äußeren Verglasungsebene von Verbundfenstern nutzerseitige Einflüsse aus dem Raumklima von untergeordneter Bedeutung sein, da die Verhältnisse im Scheibenzwischenraum sich durch das Heiz- und Lüftungsverhalten nur in Grenzen beeinflussen lassen. Vielmehr dürften hier konstruktive Einflüsse eine dominierende Rolle spielen, sodass zum einen je nach Bauart die Frage

- entweder nach der Dichtheit der Verbindung zwischen den beiden Teilflügeln bei Konstruktionen entsprechend Ziffer 1. oder
- nach einem umlaufend ausreichend großen Spaltmaß der planmäßigen Fuge zwischen den beiden Teilflügeln (Ziffer 2.) und zum anderen
- in Übereinstimmung mit Kastenfenstern in jedem Fall nach der Dichtheit der Fuge im raumseitigen Deckfalz

im Mittelpunkt der technischen Beurteilung steht. Dies betrifft auch über die Nutzungszeit eingetretene oder vorgenommene Veränderungen, die die vorstehenden Aspekte beeinflussen, z. B. schadhafte oder nicht mehr vorhandene Dichtungsprofile, unsachgemäß ausgeführte Beschichtungsarbeiten (»übergestrichene« Dichtungsprofile, »zugeschmierte« Fugen zwischen den Teilflügeln etc.) oder übermäßige Verformungen der Teilflügel.

Im Widerspruch zu den beiden oben erläuterten Konstruktionsgrundsätzen fanden in der Bundesrepublik auch Konstruktionen Verbreitung, bei denen die äußere Verglasungsebene feststehend war und nur zur Raumseite zu Reinigungszwecken Öffnungsflügel angeordnet waren. Anwendung fanden derartige Konstruktionen im Wohnungsbau beispielsweise bei größerflächigen Verglasungen angrenzend an Balkon oder Terrasse (sogenannte Blumenfenster; Bild 57) oder in Seitenteilen von Fenstertüren. Teilweise waren auch Türen bzw. Fenstertüren mit Doppelverglasungen ausgestattet, die zur Raumseite geöffnet werden konnten. In gleichem Maße wie diese Konstruktionen der Vermeidung zusätzlicher Öffnungsflügel und damit der Einsparung von Herstellungskosten dienten, dürften sie bereits zur Bauzeit in erheblichem Maße tauwasseranfällig gewesen und insofern weder seinerzeit noch heute als gebrauchstauglich einzustufen gewesen sein.

Bild 57 Großformatiges, feststehendes Verbundfenster mit raumseitig zu öffnenden Flügeln

Als problematisch sind in diesem Zusammenhang auch die ebenfalls insbesondere auf dem Gebiet der Bundesrepublik verbreiteten Verbundfensterkonstruktionen anzusehen, bei denen im Scheibenzwischenraum planmäßig Jalousien und entsprechende Öffnungen in der raumseitigen Fensterebene für die erforderlichen Bedienelemente angeordnet wurden (Bild 58). Erfahrungsgemäß kann die planmäßig vorgesehene Durchlüftung des

Scheibenzwischenraums die zusätzliche Perforation zur Raumseite häufig nur bedingt kompensieren.

Seit einigen Jahren finden Verbundfensterkonstruktionen insbesondere aus Kunststoff- und Aluminiumsystemprofilen im Zusammenhang mit hohen Schallschutzanforderungen und Verschattungselementen, die z. B. als Jalousetten im Zwischenraum zwischen den Fensterebenen angeordnet werden, erneut eine gewisse Verbreitung. Aufgrund der hohen Dichtheit, die mit den marktüblichen Systemprofilen in aller Regel erzielt wird, und der Verwendung von Dreischeiben-Isolierverglasungen in der raumseitigen Fensterebene kommt es hierbei zu einer weitestgehenden Abkopplung des Zwischenraums zwischen den Teilflügeln vom Raumklima. Übermäßiger Tauwasserausfall wird hier häufig dann beobachtet, wenn eine Hinterströmung der äußeren Einfachverglasung mit Außenluft möglich ist, die dort aufgrund der geringen Temperaturen kondensiert. Insofern wird bei diesen heutigen Konstruktionen eine weitgehende Dichtheit auch gegenüber der Außenluft angestrebt [Bauer, 2015].

Bild 58 Jalousie im Scheibenzwischenraum eines Verbundfensterflügels mit durch den raumseitigen Flügelrahmen geführter Bedienung

6.3 Fälze von Einfachfenstern

Im Bereich der Funktionsfugen von Einfachfenstern, d. h. in den Fälzen zwischen Flügel- und Blendrahmen wird das Feuchteangebot während des Winters in erster Linie durch konvektiven Feuchteeintrag und Kondensation an den Oberflächen bestimmt. Die zugrunde liegenden Luftströmungen gehorchen dabei den im Kapitel 2.2.4 erläuterten Wirkmechanismen (Thermik). Für die Falzräume in den Funktionsfugen von isolierverglasten Einfachfenstern muss insofern in ähnlicher Weise wie für die vorstehend behandelten Flächen an Kasten- und Verbundfenstern von einem ausreichenden Feuchteangebot für Schimmelbefall ausgegangen werden. Ebenso können auch in den Falzräumen Staubablagerungen und Abrieb von Schließungen in Verbindung mit Rückständen von Schmiermitteln im Bereich der Beschläge das Ansiedeln von Schimmelsporen begünstigen. Wie bei den vorstehend behandelten Kasten- und Verbundfenstern steigt daher das Risiko von Tauwasserausfall und damit auch von Schimmelbefall mit zunehmender Luftdurchlässigkeit der Gesamtkonstruktion infolge nicht anliegender oder beschädigter Flügeldichtungen. Dabei ist zu berücksichtigen, dass Flügeldichtungen den Luftdurchgang und damit auch den konvektiven Feuchteeintrag in den Falz zwar sehr weitgehend reduzieren, jedoch nicht vollständig unterbinden können.

In diesem Zusammenhang sind von einem konvektiven Feuchteeintrag insbesondere die raumseitigen Falzbereiche von Konstruktionen mit einstufiger, als Mitteldichtung angeordneter Flügeldichtung betroffen, wie sie bis weit über das Jahr 2000 hinaus bei Holzfenstern üblich waren. Schimmel und ähnliche Ablagerungen zeigen sich hier in den raumseitig gelegenen Bereichen der seitlichen und unteren Blendrahmenfälze häufig scharf begrenzt bis zur Anlagefläche der Mitteldichtung, im oberen horizontalen Blendrahmenfalz zudem auch in den nach außen gelegenen Bereichen (Bild 59). Dies ist auf den Umstand zurückzuführen, dass durch die thermisch bedingten Druckunterschiede am Fenster die warme, feuchteangereicherte Raumluft insbesondere bei eingeschossigen Nutzungseinheiten lediglich im oberen Fugenbereich austritt, während die kältere trockenere Außenluft im unteren Fugenbereich eintritt.

Bild 59 Schimmelartige Ablagerungen im Blendrahmenfalz – seitlich scharf abgegrenzt bis zur Anlagefläche der Flügeldichtung (1), im oberen horizontalen Bereich auch verstärkt außenseitig hiervon (2)

Darüber hinaus kann gerade auch für die unteren Falzbereiche außerhalb der Dichtungsebene das gelegentliche Eindringen von Schlagregen nicht vollständig vermieden werden.

Insgesamt lässt sich Schimmelbefall daher auch in den Falzbereichen der Funktionsfugen von Fenstern grundsätzlich lediglich durch eine regelmäßige Reinigung in haushaltsüblichen Intervallen sicher vermeiden. Hiervon kann jedoch dann nicht mehr ausgegangen werden, wenn

- bei Holzfenstern Beschichtungsschäden vorliegen, sodass die Holzoberflächen im Bereich von Abplatzungen oder Rissen für Schimmelsporen zugänglich sind und sich nicht mehr wirksam reinigen lassen (Kapitel 5.1.3), und wenn
- bei Fensterkonstruktionen mit Dichtungen übermäßige Undichtheiten infolge nicht anliegender oder defekter Dichtungen vorliegen (Kapitel 6.1 und 6.2).

Die letztgenannten Undichtheiten sind dann nicht nur in energetischer Hinsicht, sondern auch in Bezug auf die Begünstigung von Schimmelbefall in den Falzbereichen aus technisch-sachverständiger Sicht als bauliche Mängel einzustufen.

7 Anmerkungen zu Wintergärten

Grundsätzlich gelten die Ausführungen in den vorstehenden Kapiteln natürlich für die Fenster und verglasten Flächen von Wintergärten gleichermaßen wie für die Fenster in den übrigen Räumen von Wohnungen. Dies gilt nicht nur für die physikalischen und mikrobiologischen Gesetzmäßigkeiten, sondern auch bezüglich der an die Konstruktionen gestellten Anforderungen. Dennoch sind Wintergärten in der Regel Räume mit besonderen zu beachtenden Randbedingungen, insbesondere was ihre Beheizung und Belüftung angeht.

Im bautechnischen Regelwerk ist der Begriff *Wintergarten* nicht näher definiert, die umgangssprachlichen Definitionen sind dagegen vielfältig. Für die vorliegende technische Betrachtung ist mit Wintergarten ein vorgelagerter bzw. nach außen gerichteter Raum mit einer großen Fensterfläche bezeichnet, der keine eigene Beheizung besitzt und von den übrigen Räumen einer Wohnung – oft ebenfalls mit großen Glasflächen – durch Türen getrennt ist. Hieraus resultieren verschiedene Besonderheiten bzw. Probleme bei der Nutzung von Wintergärten:

- Aufgrund des Fehlens einer eigenen Beheizungsmöglichkeit kann es zum Auskühlen der Außenbauteile eines Wintergartens in der kalten Jahreszeit kommen.
- Gelangt dann warme, feuchte Luft aus den angrenzenden Wohnräumen in den Wintergarten, kann es zu einem übermäßigen Tauwasserausfall an den ausgekühlten Bauteilen kommen.
- Besteht keine gesonderte Lüftungsmöglichkeit der an einen Wintergarten grenzenden Räume – beispielsweise über weitere direkt nach außen führende Fenster – muss die Lüftung dieser Räume über den Wintergarten erfolgen, wodurch zwangsläufig warme, feuchte Luft an die ausgekühlten Außenbauteile gelangt.
- Da Wintergärten oft als untergeordnete Räume wahrgenommen werden, wird der Beseitigung von Tauwasser und Verschmutzungen sowie deren Folgen häufig nicht dieselbe Bedeutung beigemessen wie in Wohnräumen, was zu einem entsprechend erhöhten Schimmelrisiko führt.
- Finden für die Errichtung derartiger Wintergärten Einfachverglasungen und/oder thermisch nicht getrennte Rahmenprofile aus Aluminium oder Stahl Verwendung, verstärken sich die vorgenannten Probleme noch. Derartige bauliche Defizite werden beispielsweise bei der insbesondere an verkehrsreichen Straßen beliebten Umwandlung von Balkonen in Wintergärten regelmäßig vorgefunden.

Zusammenfassend ist festzustellen, dass eine schadenfreie Nutzung von Wintergärten nicht ganz einfach ist. Die geringsten Probleme im Zusammenhang mit Tauwasserbildung und Schimmelbefall treten nach den Erfahrungen der Autoren bei Wintergärten auf, die nicht nur über wärmeschutztechnisch hochwertige Außenbauteile – z. B. aus Holz- oder thermisch getrennten Metallprofilen mit Wärmeschutzverglasungen – verfügen, sondern überdies auch mit einer eigenen Heizung ausgestattet sind. Besitzt ein Wintergarten gut wärmedämmende Außenbauteile, aber keine eigene Heizung, ist zu empfehlen, durch ständiges Offenhalten der Verbindungstüren einen Raumverbund mit den angrenzenden Wohnräumen herzustellen und den Wintergarten auf diese Weise mit zu beheizen. Alternativ besteht – insbesondere bei schlecht wärmegedämmten Wintergärten – die Möglichkeit, den Wintergarten durch einen hohen Luftwechsel nach außen quasi als Außenraum zu betrachten. In diesem Fall müssen aber die Bauteile zwischen dem Wintergarten und dem Rest der Wohnung wärmeschutztechnisch hochwertig ausgebildet sein. Bei allen anderen Ausführungsvarianten sind Probleme mit Kondensat und Schimmelbefall vorhersehbar bzw. nur mit entsprechendem Aufwand seitens der Nutzer vermeidbar.

8 Grundsätzliche Instandsetzungsmöglichkeiten

8.1 Schimmelbeseitigung

Auch wenn die Befallsflächen an Fenstern in der Regel nicht so groß sind, sollten Schimmelpilze vor dem Hintergrund der in Kapitel 2.1.3 beschriebenen gesundheitlichen Risiken natürlich auch hier möglichst umgehend und vor allem fachgerecht entfernt werden. Wesentliche Hinweise hierzu enthält z. B. der *Schimmelleitfaden* des Umweltbundesamtes [UBA, 2017]. Hier wird hinsichtlich Dringlichkeit sowie Art und Umfang der Maßnahmen in insgesamt vier Nutzungsklassen unterschieden:

- *Nutzungsklasse I* mit speziellen, sehr hohen Anforderungen aufgrund besonderer Disposition der Nutzer (z. B. Patienten mit Immunsuppression),
- *Nutzungsklasse II* mit normalen Anforderungen, z. B. für Wohn- oder Büroräume, Schulen, Kindertagesstätten etc. einschließlich angegliederte Nebenräume,
- *Nutzungsklasse III* mit reduzierten Anforderungen, z. B. für nicht dauerhaft genutzte Räume außerhalb der Räume in der Nutzungsklasse II und ohne direkten Zugang von diesen Räumen,
- *Nutzungsklasse IV* mit deutlich reduzierten Anforderungen, z. B. für dauerhaft luftdicht im Sinne der DIN 4108-7 gegenüber angrenzenden Räumen abgeschlossene, trockene Hohlräume.

Beseitigungsmaßnahmen in der *Nutzungsklasse I* werden in [UBA, 2017] nicht behandelt, da Art und Umfang der Maßnahmen im jeweiligen Einzelfall festgelegt werden müssen. In den *Nutzungsklassen III* und *IV* kann ggf. ganz von Beseitigungsmaßnahmen abgesehen werden, während in der *Nutzungsklasse II* Schimmelbefall stets und möglichst umgehend beseitigt werden sollte. Hier sollte Schimmelbefall zumindest auf Einzelflächen von mehr als 0,5 m^2 grundsätzlich von qualifiziertem Fachpersonal unter Beachtung der einschlägigen Schutzmaßnahmen entfernt werden.

Die Entfernung kleinflächigen, oberflächlichen Befalls – wie er bei Fenstern und ähnlichen Bauteilen in aller Regel vorliegt – kann hingegen auch in Eigenleistung vorgenommen werden, sofern man nicht allergisch auf Schimmelpilzsporen reagiert oder unter Erkrankungen des Immunsystems leidet und keine besonderen technischen Anforderungen an die betroffenen Bereiche bestehen (wie z. B. an Verglasungsabdichtungen). In jedem Fall sollte hierbei Staubentwicklung und damit eine Verbreitung von Schimmelsporen in der Luft möglichst vermieden werden. Darüber hinaus sollte in Anlehnung an [UBA, 2017] Folgendes beachtet werden:

- Glatte Flächen und lediglich oberflächlich befallene Flächen von Fenstern können mit Wasser und zugesetztem Haushaltsreiniger abgewaschen werden, wobei das Wischwasser mehrfach ausgetauscht werden sollte.
- Erheblich befallene Dichtstofffugen aus Silikon-, Acrylatdichtstoffen o. Ä. (z. B. die Verglasungsabdichtungen an Fenstern) sollten durch ein Fachunternehmen ausgetauscht werden, da sich Schimmelbefall hier in der Regel nicht oberflächlich entfernen lässt.
- Nicht mehr durch Beschichtungen geschütztes, freiliegendes von Schimmel befallenes Holz muss ggf. weitergehenden Maßnahmen unterzogen werden.
- Befallene Tapeten beispielsweise in angrenzenden Laibungsbereichen sollten befeuchtet, entfernt und anschließend luftdicht entsorgt werden.
- Oberflächen von Putzen oder Wandanstrichen sollten zunächst unter Verwendung eines Zusatzfilters (sogenannter HEPA-Filter) abgesaugt und anschließend mit einem ethanolhaltigen Reiniger (Anteil Ethanol/Methylalkohol ≥70 %) gereinigt werden. Der Einsatz von Fungiziden ist zumeist nicht erforderlich. Abzuraten ist von einer Behandlung mit Essiglösung (wie sie häufig empfohlen wird).

8.2 Beseitigung offensichtlicher Schäden

Neben Schimmelbefall müssen natürlich auch offensichtliche Schäden an Beschichtungen, Dichtstoffen und Dichtungen sowie Beschlägen und Verriegelungen beseitigt werden. Die nachfolgenden Kapitel enthalten Hinweise hierzu.

8.2.1 Wiederherstellung intakter Beschichtungen

Intakte, geschlossene Beschichtungen sind wesentliche Voraussetzungen für eine dauerhafte Funktionsfähigkeit insbesondere von Holzfenstern. Dies gilt zum einen für die bewitterten Außenflächen im Hinblick auf die Vermeidung übermäßiger Quell- und Schwinderscheinungen und hieraus ggf. resultierender Verformungen der Rahmenprofile und in der Folge Undichtheiten. Zum anderen betrifft dies auch nicht bewitterte Innenflächen, um in Anbetracht des während der Heizperiode latenten Feuchteangebots an Fensterprofilen hinsichtlich Schimmelbefall unkritische Oberflächenverhältnisse zu gewährleisten. Insofern bedürfen nennenswert beschädigte Beschichtungen an Holzfenstern aus technischer Sicht einer fachgerechten Instandsetzung.

Zur Erzielung einer befriedigenden Dauerhaftigkeit sollte dabei die Herstellung eines vollständigen Schichtaufbaus – in der Regel bestehend aus Grund-, zweifacher Zwischen- sowie Schlussbeschichtung (VOB-C DIN 18363) – angestrebt werden. Hinweise zur Untergrundvorbereitung und zur Ausführung der Beschichtung sowie zu erforderlichen Instandhaltungsintervallen bei Außenbeschichtungen in Abhängigkeit vom Ausgangszustand und der Exposition enthält das BFS-Merkblatt 18 ›Beschichtungen auf Holz und Holzwerkstoffen im Außenbereich‹ [BFS, 2006]. An stärker verwitterten, rissigen Oberflächen oder durch Fäulnis geschädigten Querschnitten sind dabei im Vorfeld häufig Tischlerarbeiten zur Herstellung eines geeigneten Beschichtungsuntergrundes unabdingbar. Insbesondere an den Außenflächen von isolierverglasten Fenstern sind derartige Maßnahmen häufig nicht mit vertretbarem Aufwand ausführbar. Hier können ergänzend außenseitig auf die besonders exponierten unteren Bereiche sogenannte Flügelabdeckprofile aus Aluminium aufgesetzt werden.

Zur Vermeidung übermäßiger Verschmutzungen bzw. zur Gewährleistung der Reinigungsfähigkeit ist die Erhaltung bzw. Wiederherstellung intakter Beschichtungsoberflächen aber nicht nur bei Fenstern aus Holzprofilen, sondern auch bei Metallfenstern von grundlegender Bedeutung.

8.2.2 Dichtungen und Dichtstoffe

Zur Aufrechterhaltung der planmäßigen Funktion von Fenstern sind defekte Dichtungen und Dichtstoffe auszutauschen bzw. auszubessern. Die betreffenden Maßnahmen müssen sich dabei jeweils auf sinnvolle Teilabschnitte erstrecken und erfordern in aller Regel die Ausführung durch ein Fachunternehmen.

8.2.3 Beschläge und Verriegelungen

Sofern Beschläge und Verriegelungen die ihnen zugedachte Funktion nicht mehr erfüllen können, sind diese in geeigneter Weise (z. B. durch Nachjustieren) zu ertüchtigen oder zu ersetzen. Auch dies sollte durch ein Fachunternehmen ausgeführt werden.

In diesem Zusammenhang sei darauf hingewiesen, dass Fensterkonstruktionen grundsätzlich einer regelmäßigen Wartung und Instandhaltung bedürfen. Dabei sollte die Gang- und Schließbarkeit, der feste Sitz der Riegelstücke, Lager und Beschlagteile sowie der umlaufende Andruck der Dichtungen überprüft werden, bewegliche Beschlagteile sollten geölt und Verriegelungen gefettet werden. [VFF, 2016].

Abgesehen von sicherheitsrelevanten Bauteilen werden z. B. im VFF-Merkblatt WP.02 ›Instandhaltung von Fenstern, Fassaden und Außentüren – Wartung/Pflege & Inspektion‹ [VFF, 2016] für öffentliche Gebäude (Schulen, Hotels, Büros o. Ä.) halb- bis zweijährliche Inspektionsintervalle empfohlen, für Wohngebäude lediglich jährliche bis zweijährliche Intervalle bzw. ›Maßnahmen nach Anforderung des Auftraggebers‹. Letzteres soll die im Bestand nach wie vor begrenzten Fenster- und Flügelgrößen mit entsprechend geringen mechanischen Beanspruchungen berücksichtigen. In Anbetracht der durch Dreischeiben-Isolierverglasungen allgemein gestiegenen Verglasungsgewichte, der auch im Wohnungsbau in den vergangenen zwei Jahrzehnten zunehmenden Verbreitung raumhoher Elemente mit entsprechend großen Flügeln und schließlich des Trends zu dunkler Farbgebung für die Rahmenprofile erscheinen jedoch zumindest bei bodentiefen Elementen Abstriche hinsichtlich der Inspektionsintervalle gegenüber zum Beispiel Bürogebäuden kaum sinnvoll, wie die Erfahrung der Autoren zeigt.

8.3 Verbesserung des Wärmeschutzes

Die grundsätzlichen Zusammenhänge zur Entstehung von Schimmel infolge übermäßigen Tauwasserausfalls legen zunächst in Analogie zu den opaken Bauteilen die Verbesserung des Wärmeschutzes als Möglichkeit zur Instandsetzung bzw. zur Reduzierung der Tauwasserneigung nahe. Als Maßnahmen kommen hierfür im Wesentlichen in Betracht:

- Der Austausch von Verglasungen, z. B. von Einfachgläsern oder von Isolierverglasungen gegen Verglasungen mit einem günstigeren Wärmedurchgangskoeffizienten U_g (Wärmeschutzverglasungen),
- der Einbau von Vorsatzfenstern, z. B. bei einfach verglasten Einfachfenstern oder
- ein vollständiger Austausch von Fensterkonstruktionen gegen Konstruktionen mit insgesamt besseren wärmeschutztechnischen Eigenschaften.

Die unter den ersten beiden Punkten genannten Maßnahmen sind mit vergleichsweise hohem Aufwand verbunden, da neben der eigentlichen wärmeschutztechnisch wirksamen Maßnahme in aller Regel auch weitergehende Instandsetzungsarbeiten an den verbleibenden Konstruktionsteilen erforderlich sind. Gleichzeitig erfordern diese verbleibenden Konstruktionsteile bei Holzfenstern gegenüber neuen relativ kurze Instandhaltungsintervalle für beispielsweise Beschichtungen oder Beschläge, um die Wirksamkeit der Instandsetzungsmaßnahmen über einen sinnvollen Zeitraum zu erhalten.

8.3.1 Austausch von Verglasungen

Ein typischer Anwendungsbereich für den Austausch von Verglasungen ist die wärmeschutztechnische Ertüchtigung von Kastenfenstern durch den Einbau von beschichteten Einfach- oder von Mehrscheibenisoliergläsern. Langjährige Erfahrungen – u. a. aus eigenen umfangreichen Berechnungen im Rahmen der Erstellung einer Matrix zur grafischen Ermittlung von Wärmedurchgangskoeffizienten wärmeschutztechnisch verbesserter Kastenfenster unterschiedlicher Formate und Teilungen – haben gezeigt, dass der Wärmedurchgangskoeffizient des Verglasungssystems (ohne Rahmen) von einem typischen Ausgangswert mit U_g = 2,7 W/(m^{2}K) durch den Einsatz heute üblicher Zweischeiben-Isolierverglasungen (zumeist in der raumseitigen Fensterebene) auf einen Wert von etwa 1,0 W/(m^{2}K) verringert werden kann. Für die raumseitige Oberfläche dürfte damit das Auftreten nennenswerten Tauwasserausfalls bei Einhaltung eines für Wohnungen üblichen Raumklimas nahezu ausgeschlossen sein (Kapitel 5.1.1; Bild 39).

Die Auswirkungen auf die äußere Fensterebene – eine signifikant erhöhte Tauwasserneigung – sind im Kapitel 8.1 beschrieben.

Gleichzeitig unterliegen die mit Isolierverglasungen ausgestatteten Flügelrahmen entsprechend modernisierter Kastenfenster sowie die Bänder und Beschläge vergleichsweise hoher mechanischer Beanspruchung durch das mehr als verdoppelte Gewicht der Verglasung. Vor diesem Hintergrund sollte im Rahmen der Planung abgewogen werden, ob der Einsatz von Isoliergläsern erforderlich und sinnvoll ist, oder ob ggf. auch ein Austausch gegen geeignete beschichtete Glastafeln (sogenanntes *K-Glass;* Kapitel 4.2.1) ausreicht. So wird auch auf diese Weise für das Verglasungssystem ein Wärmedurchgangskoeffizient von U_g = 1,6 W/(m^{2}K) und damit für Wohnungen und ähnliche Nutzungen unter üblichen raumklimatischen Bedingungen eine weitestgehende Begrenzung der Tauwasserneigung an der raumseitigen Oberfläche erreicht (Kapitel 5.1.1; Bild 41).

8.3.2 Vorsatz- oder Einschubfenster

Demgegenüber fallen bei neu hergestellten Vorsatzfenstern die oben genannten mechanischen Beanspruchungen durch das Glasgewicht von Isoliergläsern in der Regel nicht ins Gewicht, da von vornherein geeignete Profile und Beschläge ausgewählt werden können. Hier erscheint der Einsatz von beschichteten Einfachgläsern daher weder aus technischer noch aus wirtschaftlicher Sicht sinnvoll.

Vorsatzfenster wurden in der Vergangenheit entweder temporär als sogenannte Winterfenster (Bild 60) – aus denen die Bauweise Kastenfenster entstand [Gieß, 1990] – oder später zur Ertüchtigung von Einfachfenstern eingesetzt (Bild 61). Sie stellen heute insbesondere eine geeignete Maßnahme dar, wenn einerseits ein vollständiger Austausch z. B. von einfach verglasten Einfachfenstern aus konservatorischen Gründen nicht erfolgen kann oder soll und/oder andererseits die Rahmenkonstruktionen – die in aller Regel einer wärmeschutztechnischen Verbesserung nicht zugänglich sind – über sehr ungünstige wärmeschutztechnische Eigenschaften verfügen, z. B. bei thermisch nicht getrennten Profilen aus Stahl oder Aluminium.

Bild 60 Außenseitig vorgesetzte Winterfenster (Havelland, vermutlich vor 1945)

Bild 61 Raumseitige Vorsatzfenster zur Ertüchtigung einer einfachverglasten Konstruktion als Küchenfenster (Berlin, vermutlich nach 1950)

Der Austausch der außenseitigen Fensterebene gegen ein isolierverglastes Fenster bei gleichzeitigem Erhalt der raumseitigen Fensterebene hat bei der Modernisierung und wärmeschutztechnischen Ertüchtigung von Holzkastenfenstern gewisse Verbreitung gefunden (sogenanntes Einschubfenster; Bild 62). Der Vorteil gegenüber der wärmeschutztechnischen Ertüchtigung der raumseitigen Fensterebene liegt dabei insbesondere darin, dass

- einerseits keine nennenswerte Tauwasserneigung an der äußeren Fensterebene mehr besteht und
- andererseits Defizite in einer in der Vergangenheit vernachlässigten Instandhaltung der außenseitigen Beschichtungen kompensiert und damit der zu erwartende Instandhaltungsaufwand auf absehbare Zeit verringert wird.

Bild 62 Durch den Austausch der äußeren Fensterebene durch ein sogenanntes Einschubfenster ertüchtigtes Kastenfenster an einem denkmalgeschützten Wohngebäude aus den 1920er-Jahren

8.3.3 Fensteraustausch

In Anbetracht des eingangs erwähnten, vergleichsweise hohen Aufwandes für die Instandsetzung zu erhaltender Fensterkonstruktionen stellt als dritte Variante der vollständige Austausch des Fensters in der Regel die wirtschaftlichste Alternative zur Verbesserung des Wärmeschutzes dar. Bis in jüngste Zeit erfolgt dies jedoch häufig ohne jede Beachtung konservatorischer Aspekte oder optischer Auswirkungen auf das Erscheinungsbild der dann im Wortsinn »betroffenen« Fassaden.

Beim Austausch von Kastenfensterkonstruktionen gegen isolierverglaste Einfachfenster sind darüber hinaus – unabhängig von den wärmeschutztechnischen Eigenschaften von Verglasungen und Rahmen – die wärmeschutztechnischen Auswirkungen im Bereich der Laibungen zu beachten, sofern nicht gleichzeitig außenseitig Dämmschichten aufgebracht werden. So erfolgt durch die deutlich geringere Bautiefe des Einfachfensters (heute in der Regel zwischen ca. 75 und knapp 100 mm) gegenüber dem Kastenfenster (ca. 140 bis 200 mm) eine Veränderung der Bauteilgeometrien in der Laibung bzw. der geometrischen Einflüsse aus der hier vorhandenen Wärmebrücke auf die zu erwartenden Oberflächentemperaturen. Die geringere Bautiefe führt dabei zu einer »tieferen« raumseitigen Laibung, d. h. zu einem geringeren Abstand des Fensteranschlusses zur Außenoberfläche und damit zu einem »kürzeren Weg« für den Wärmestrom nach außen [Bredemeyer, 2013].

Bild 63 zeigt hierzu eine Gegenüberstellung von Isothermenberechnungen unter den Randbedinungen aus DIN 4108-2 für eine typische Altbausituation mit einem Holzkastenfenster in einer 38 cm dicken Außenwand aus Vollziegel-Mauerwerk mit gemauertem Anschlag einerseits (Bild 63.a) und für den entsprechenden Anschluss eines isolierverglasten Einfachfensters *(IV68* nach DIN 68121) andererseits (Bild 63.b). Aus den dargestellten Berechnungen ergibt sich zunächst, dass für den Fensteranschluss in der Bestandssituation die aktuellen Anforderungen an die Mindestoberflächentemperatur von 12,6 °C annähernd eingehalten werden (Bild 63.a). Hingegen resultiert aus dem Fensteraustausch eine signifikant geringere Oberflächentemperatur im unmittelbaren Anschlussbereich des Blendrahmens an die Laibung bzw. eine dem entsprechende räumliche Ausdehnung der rechnerisch schimmelkritischen Laibungsfläche (Bild 63.b). Der Fensteraustausch führt insofern trotz einer Verbesserung des Wärmedurchgangskoeffizienten für das Fenster selbst zu einer erheblichen Verschlechterung in der Laibung bzw. zu einem signifikant erhöhten Schimmelrisiko. Um diese Nachteile zu vermeiden, sind im Bereich der Laibungen ergänzende wärmeschutztechnische Maßnahmen erforderlich, die – bedingt durch die geometrische Situation – über das Ausfüllen der Einbaufuge mit Dämmstoff hinausgehen. Bewährt haben sich hierfür der Ersatz oder die Ergänzung des Laibungsputzes durch eine Dämmschicht, z. B. aus Calziumsilikat oder aus mörtelkaschiertem XPS- oder PU-Hartschaum (Bild 63.c).

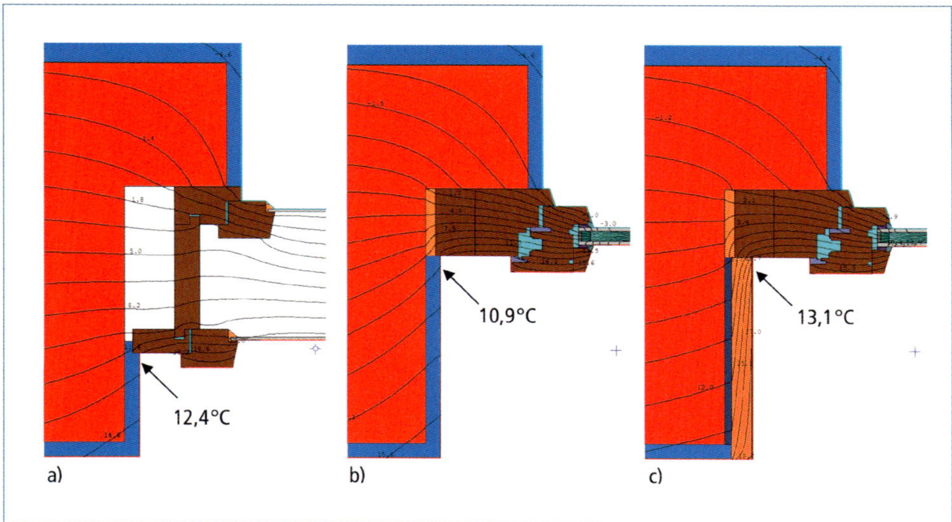

Bild 63 Gegenüberstellung minimaler Oberflächentemperaturen an einem Fensteranschluss (Horizontalschnitt; Berechnung mit [LBNL, 2018]) für eine typische Bestandssituation mit einem Kastenfenster in einem 38 cm dicken Vollziegel-Mauerwerk (a), für eine modernisierte Situation nach dem Austausch gegen ein isolierverglastes Einfachfenster (b) sowie für eine gleichartig modernisierte Situation mit zusätzlicher Laibungsdämmung (hier: Bauplatte aus mörtelkaschiertem XPS)

8.4 Verringerung konvektiver Feuchteeinträge – Einbau von Dichtungen

Wie in den Kapiteln 6.1 und 6.2 erläutert, lässt sich konvektiver Feuchteeintrag in ältere Fensterkonstruktionen nicht vollständig vermeiden. Insbesondere bei Kasten- und Verbundfenstern führen unvermeidbare Verformungen und Schwinderscheinungen im Laufe der Zeit gegenüber der Außenseite zu einer mehr oder weniger erhöhten Fugendurchlässigkeit auf der Raumseite. Häufig macht bereits dieser Umstand – unabhängig von konvektiven Wärmeverlusten und auch ohne das Vorliegen offensichtlicher oder besonders ausgeprägter Undichtheiten – eine nachträgliche fachgerechte Abdichtung der raumseitigen Fensterebene zur Vermeidung übermäßigen Tauwasserausfalls an der Innenseite der äußeren Verglasung erforderlich [Bredemeyer, 2013]. Diese Maßnahmen sind dann insofern wesentliche Voraussetzung für Erhalt oder Wiederherstellung der Gebrauchstauglichkeit von Kasten- oder Verbundfenstern.

Zur Verringerung der Fugendurchlässigkeit und damit des konvektiven Feuchteeintrags hat sich der nachträgliche Einbau von Dichtungen bewährt. In der Regel werden kreisrunde, schlauchförmige Dichtungsprofile mit sogenannten Tannenzapfenprofilen in nachträglich eingefräste Nuten in den Innenkanten der Flügelrahmendeckfälze eingebracht (Bild 64.b). Da dabei im Bereich der Bänder eine Nut nicht eingefräst werden kann, muss das Tannenzapfenprofil in diesem Bereich ausgespart werden, sodass der Dichtungsschlauch über wenige Zentimeter lose im Falz liegt. Um dies und die hiermit verbundene Anfälligkeit gegenüber Beschädigungen der Dichtung zu vermeiden (Bild 65), können geeignete Profile auch so in den Flügelrahmen eingebracht werden, dass sie die Fuge nicht in der Ebene des Flügelrahmendeckfalzes, sondern erst tiefer im Blendrahmen verschließen (Bild 64.c). Bei sehr großen Verformungen und einer insofern fehlenden oder unzureichenden Abdeckung der Fuge durch die Falzgeometrie können alternativ auch sogenannte Dichtleisten Anwendung finden, in die entsprechende Dichtungsprofile eingenutet sind (Bild 64.d).

Unter Berücksichtigung der im Kapitel 6.2 erläuterten Ursachen für Tauwasserausfall im Scheibenzwischenraum dürfen derartige Dichtungen jedoch ausschließlich vorgesehen werden

- bei Kastenfenstern in der raumseitigen Fensterebene (Bild 64.b, c, d) und
- bei Verbundfenstern im raumseitigen Deckfalz des Flügelrahmens (Bild 64.b).

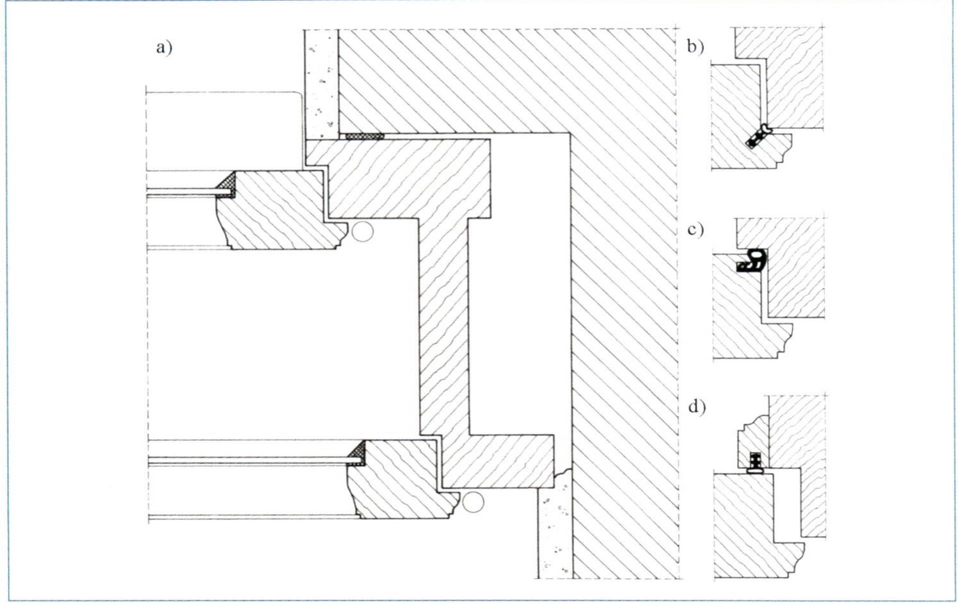

Bild 64 Verringerung der Fugendurchlässigkeit einer älteren Kastenfensterkonstruktion (a) durch Einbau von Schlauchdichtungsprofilen im Flügelrahmen (b) und (c) oder in Dichtleisten (d) (Abb. aus [Bredemeyer, 2013])

Bild 65 Lose über einen Bandlappen geführte, infolge mechanischer Überbeanspruchung gerissene Schlauchdichtung

Dabei sind die Dichtungen möglichst umlaufend geschlossen zu führen. In diesem Zusammenhang hat es sich bei Schlauchdichtungen bewährt, die Dichtungen um die Rahmenecken herum zu ziehen und im oberen horizontalen Falz zu stoßen. Dabei ist jedoch darauf zu achten, dass die Dichtungen an den Ecken nicht zu straff gezogen und im Rahmen der Nutzung flachgedrückt werden (Bild 66).

Bild 66 An einer Flügelrahmenecke zusammengedrückte und daher unwirksame Schlauchdichtung

Bild 67 An einer Flügelrahmenecke auf Gehrung gestoßene Schlauchdichtung mit Fehlstelle

Müssen an einem Flügel unterschiedliche Querschnitte zur Anwendung kommen, sollten die Schlauchdichtungen eingeklebt bzw. gegen Herausfallen gesichert und an den Rahmenecken überlappend gestoßen werden. Gehrungsstöße haben sich in diesem Zusammenhang nicht bewährt (Bild 67). Insbesondere im Stulpbereich von zweiflügeligen Fensterkonstruktionen ohne Mittelpfosten ist hingegen eine weitgehend geschlossene Führung der Dichtungen in der Regel nicht möglich, sodass hier unvermeidbare Schwachpunkte verbleiben (Bild 68).

Werden in der raumseitigen Fensterebene beschichtete Glastafeln *(K-Glass)* oder Isolierverglasungen eingesetzt oder werden zur Verbesserung der Schlagregendichtheit im Brüstungsbereich in der äußeren Fensterebene Dichtungen eingebaut, wie dies beispielsweise in [VFF, 2014] vorgeschlagen wird, ist besonderes Augenmerk auf eine möglichst hohe Luftdichtheit der raumseitigen Flügelebene zu richten. Unter Umständen sind zur Vermeidung übermäßigen Tauwasserausfalls infolge unvermeidbarer Schwachpunkte in der Fugendichtheit der raumseitigen Fensterebene zusätzlich planmäßig Luftundichtheiten in der äußeren Flügelebene vorzusehen. Unter den genannten Voraussetzungen kann insofern über den Einbau von Flügeldichtungen zur Reduzierung der Fugendurchlässigkeit in aller Regel auch die baulich/konstruktive Ursache für übermäßigen Tauwasserausfall im Scheibenzwischenraum beseitigt werden. Unterhalb der Fenster im Brüstungsbereich angeordnete Heizflächen wirken sich auf die Reduzierung des Tauwasserrisikos erfahrungsgemäß zusätzlich günstig aus.

Bild 68 Nachträglich eingesetzte Schlauchdichtungen in der raumseitigen Ebene eines Kastenfensters mit unvermeidbarer Fehlstelle zwischen den Dichtungsprofilen im horizontalen Flügelrahmendeckfalz und im vertikalen Stulpbereich

In jedem Fall sind die Fensterflügel nach dem Einbau von Dichtungsprofilen in den Falzbereichen (Bilder 62.b und c) hinsichtlich ihrer Gang- und Schließbarkeit zu überprüfen und die Bänder ggf. nachzukröpfen, d. h. durch Biegen der flügelseitigen Bandlappen den Abstand zwischen Flügelrahmendeckfalz und Blendrahmen so weit zu vergrößern, dass Zwängungen und hieraus resultierende Schäden an den Flügelrahmen und Beschlägen vermieden werden [VFF, 2014].

8.5 Nutzungseinflüsse

Der Einfluss der Nutzer auf die Entstehung von Tauwasser und die Ansiedlung von Schimmel ist auch im Bereich von Fenstern groß: Nachhaltige Verschmutzungen, unzureichende bzw. lediglich temporäre Beheizung, übermäßige Feuchteentwicklung und ungenügende Lüftung tragen maßgeblich zu den typischen Schadensbildern insbesondere auf der Raumseite und in den Fälzen von Fensterkonstruktionen bei. Diese Einflüsse können durch hochwertige Fensterkonstruktionen kompensiert werden, die das Feuchteangebot signifikant reduzieren. Darüber hinaus ist eine nutzerunabhängige Kompensation nur für den letztgenannten Einfluss (ungenügende Lüftung) möglich, während die drei erstgenannten Faktoren allein im Einflussbereich des Nutzers liegen.

Auch eine Erhöhung des Luftwechsels kann selbstverständlich zunächst vor allem durch den Nutzer durch ein an die bauliche Situation angepasstes Lüftungsverhalten hergestellt werden. Ist dies nicht mit vertretbarem Aufwand zu gewährleisten oder soll eine zumindest etwas größere Nutzerunabhängigkeit hergestellt werden, können aber zusätzlich bzw. alternativ Lüftungsanlagen zur Anwendung kommen. Diesbezüglich ist am Markt eine Vielzahl von Systemen erhältlich. Deren Bandbreite reicht von maschinellen, zentralen Lüftungsanlagen über entweder frei durch thermischen Auftrieb und den Differenzdruck oder maschinell unterstützt arbeitende Außenluftdurchlässe (ALD) bis hin zu Fensterfalzlüftern und planmäßig perforierten Dichtungssystemen, die im Wesentlichen eine planmäßige, definierte Erhöhung des Fugendurchlasskoeffizienten z. B. von Fenstern bewirken.

Während der Einbau maschineller Lüftungsanlagen in Verbindung mit ALD in aller Regel zu einem Grundluftwechsel führt, der Schimmelbefall auch in kritischen Bereichen der Gebäudehülle sicher vermeidet, ist der Effekt von Fensterfalzlüftern deutlich geringer ausgeprägt und erfordert insofern die Durchführung zusätzlicher Initiativlüftungen. Die allgemeine Erfahrung zeigt jedoch, dass eine derartige Anhebung des Grundluftwechsels die raumklimatische Situation auch bei kritischen baulichen Randbedingungen deutlich entspannt und zu einer merkbaren Verlängerung der erforderlichen Lüftungsintervalle führt.

Eine kritische Auseinandersetzung mit der unter Verweis auf DIN 1946-6 immer wieder behaupteten grundsätzlichen Erfordernis nutzerunabhängiger Lüftungsmaßnahmen findet sich in [Oster, 2021, Kapitel 8.4.2.3] sowie in [Oster, 2010], [Oster, 2011], [Gottschalk, 2010], [Jung, 2012] und [Swensson, 2013].

II Schadensfälle

1 Schadensbilder auf der Raumseite

1.1 Schimmelbefall auf den Flügelrahmenprofilen isolierverglaster Holzfenster

Bauliche Situation und Schadensbild

In einem Mitte der 1990er-Jahre errichteten viergeschossigen Mehrfamilien-Wohnhaus wurde in einer etwa 55 m^2 großen Mietwohnung massiver Schimmelbefall insbesondere an den unteren horizontalen Flügelrahmenprofilen gerügt (Bild 69). Bei den betroffenen Fenstern handelte es sich um Holzfenster des Profiltyps IV 68 nach DIN 68121. Entsprechend dem Aufdruck im Scheibenrandverbund besaßen die bauzeitlichen Isolierverglasungen einen Wärmedurchgangskoeffizienten von U_g = 1,6 W/(m^2K). An sämtlichen Fenstern waren an den Flügelrahmen innenseitig Jalousien als Sichtschutz angebracht. Nach Angaben des betroffenen Mieters kam es bei Außenlufttemperaturen unterhalb des Gefrierpunktes zu flächigem Tauwasserausfall auf den Verglasungen. An mehreren unteren waagerechten Flügelrahmenprofilen waren auch entsprechende Wasserablaufspuren vorhanden.

Bild 69 Massiver Schimmelbefall an einem unteren waagerechten Flügelrahmenprofil

Schadensursache

Bei den betroffenen Fenstern handelte es sich um für die Bauzeit typische Konstruktionen, die den einschlägigen wärmeschutztechnischen Anforderungen und den allgemein anerkannten Regeln der Technik zur Planungs- und Bauzeit entsprachen. Tauwasserbildung kann an den Oberflächen derartiger Fensterprofile und Verglasungen während der Heizperiode bauart- und konstruktionsbedingt nicht vollständig ausgeschlossen werden. Ein über einen Zeitraum von höchstens wenigen Stunden am Tag, insbesondere auf die unteren Randbereiche der Verglasung begrenzter Tauwasserausfall war insofern grundsätzlich zu tolerieren (Kapitel I-4.2.1). Der mieterseitig geschilderte Tauwasserausfall ging jedoch hierüber deutlich hinaus.

Um die raumklimatischen Randbedingungen abschätzen zu können, unter denen es zu dem beschriebenen flächigen Tauwasserausfall kommen konnte, wurden EDV-gestützte Isothermenberechnungen durchgeführt, mit denen die Oberflächentemperaturen an Verglasungen und Rahmenprofilen berechnet wurden, und zwar einmal für den Fall heruntergelassener Innenjalousien und einmal für den Fall hochgezogener Innenjalousien. Dabei wurde eine Außenlufttemperatur von 0 °C (ab der nach Angaben des Mieters ein flächiges Beschlagen der Verglasungen eintrat) und eine Raumlufttemperatur von 20 °C zugrunde gelegt. Die innenseitigen Wärmeübergangswiderstände wurden gemäß DIN EN ISO 10077-2 angenommen, lediglich für den Fall der thermischen Abschirmung der Verglasungsoberflächen durch die Jalousien wurde ein erhöhter Wärmeübergangswiderstand R_{si} = 0,35 (m^2K)/W angesetzt, was auf der Grundlage vorliegender Erfahrungen als eher ungünstig hoch einzuschätzen ist. Der generierte Konstruktionsaufbau, die angenommenen Randbedingungen und die Ergebnisse der Berechnungen sind dem Bild 70 zu entnehmen.

Demnach lagen die Oberflächentemperaturen in der Fläche der Verglasungen bei hochgezogener Innenjalousie bei knapp 16 °C *(»A«)* und bei heruntergelassener Jalousie bei knapp 12 °C *(»C«)*. Dabei zeigt sich der bekannte erhebliche Einfluss einer thermischen Abschirmung auf die Oberflächentemperaturen deutlich. Die tauwasserkritische Grenzluftfeuchte ergab sich somit zu 77 % *(»A«)* bei hochgezogener Innenjalousie und immer noch zu 59 % *(»C«)* bei heruntergelassener Jalousie (Bild 71). Derartig hohe relative Raumluftfeuchten von deutlich über 50 % sind aber bei winterlich kaltem Außenklima sehr ungewöhnlich und treten erfahrungsgemäß nur bei sehr hohen nutzungsbedingten Feuchteeinträgen oder einem sehr ungünstigen Lüftungsverhalten auf. Insofern konnte im Hinblick auf die eigenen Angaben des Mieters und die damit in Einklang stehenden festgestellten Wasserablaufspuren davon ausgegangen werden, dass ein unzuträgliches Nutzerverhalten zu übermäßigem Tauwasseranfall geführt hatte.

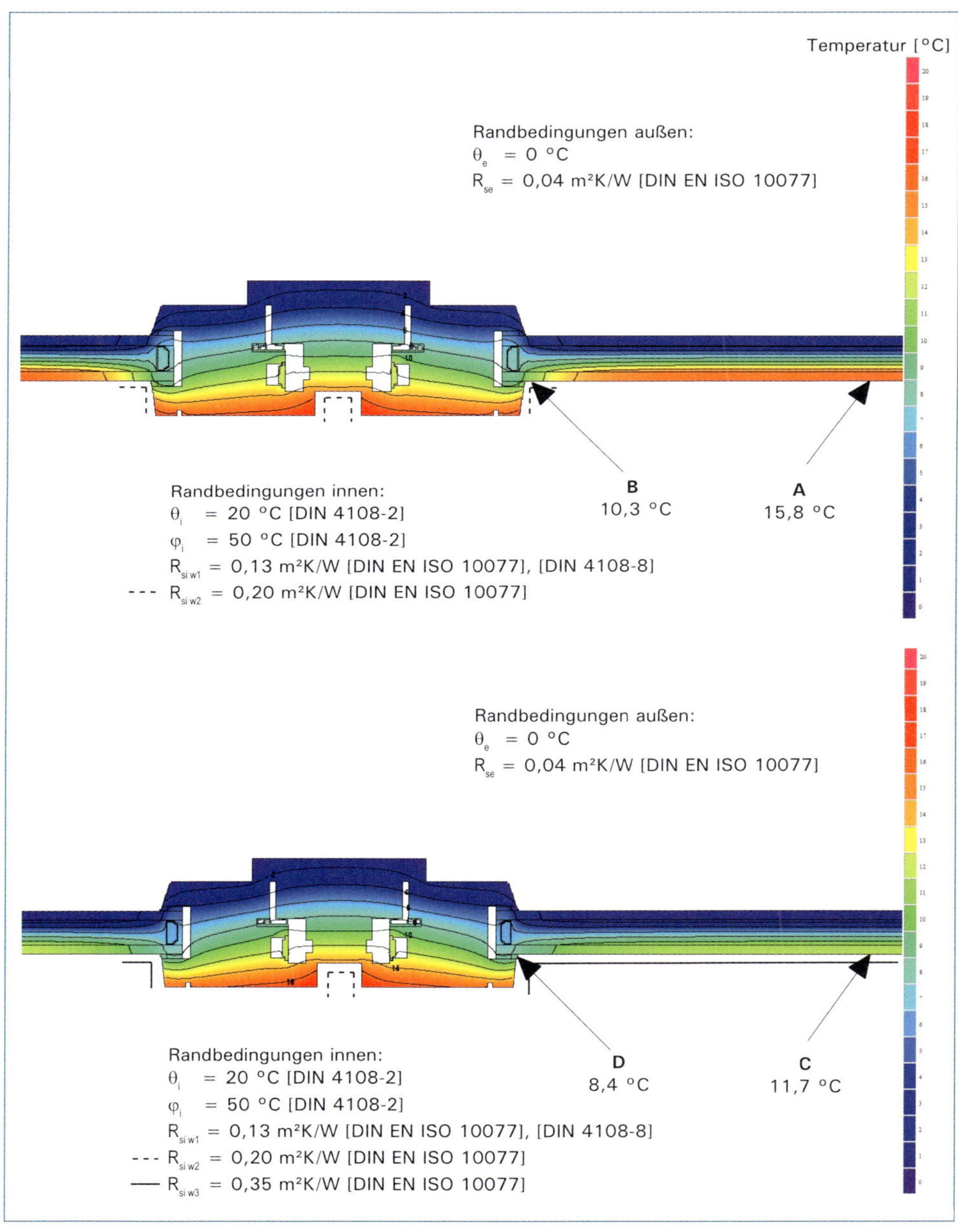

Bild 70 Isothermenverläufe, minimale innenseitige Oberflächentemperaturen sowie die den Berechnungen [Blomberg, 2006] zugrunde gelegten Randbedingungen entsprechend DIN 4108-2 und -8 sowie DIN EN ISO 10077-2

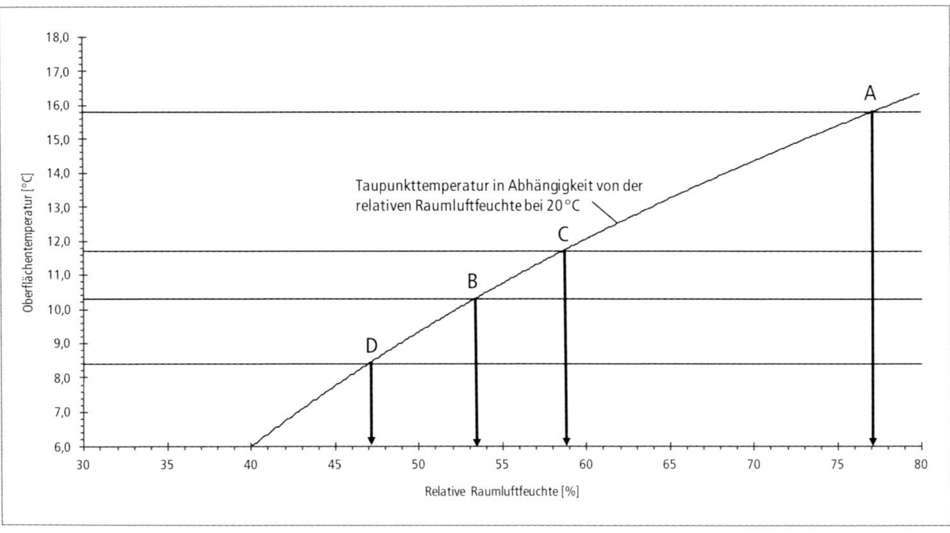

Bild 71 Tauwasserkritische Grenzluftfeuchten für die errechneten Oberflächentemperaturen (Bild 70)

Ansonsten wäre unter den genannten Randbedingungen – wenn überhaupt – lediglich auf einem schmalen Streifen in den Randbereichen der Verglasungen mit Kondensat zu rechnen gewesen. Hier war entsprechend den Isothermenberechnungen auf einer Breite von wenigen Zentimetern ab 54 % relativer Raumluftfeuchte (bei hochgezogener Innenjalousie; *»B«)* bzw. 47 % relativer Raumluftfeuchte (bei heruntergelassener Innenjalousie; *»D«)* Tauwasser zu erwarten. Dies wiederum korrespondiert mit den Ausführungen weiter oben in diesem Abschnitt bzw. im Kapitel I-4.2.2

Im Hinblick auf die insofern im Randbereich der Verglasungen in der kalten Jahreszeit unregelmäßig zu erwartenden feuchten Oberflächenverhältnisse kommt einer regelmäßigen Reinigung der betreffenden Bereiche in haushaltsüblichen Intervallen bei derartigen Fensterkonstruktionen eine besondere Bedeutung zu, um Schimmelbefall sicher zu vermeiden. Je häufiger sich dabei feuchte Oberflächenverhältnisse einstellen, desto kürzer müssen die Reinigungsintervalle gewählt werden, da Schmutz und Staub von feuchten Oberflächen leichter gebunden werden und dann einen guten Nährboden für Schimmelbefall bilden.

Im vorliegenden Fall musste im Hinblick auf das vorgefundene Schadensbild (Bild 69) davon ausgegangen werden, dass sowohl das Heiz- und Lüftungsverhalten sehr ungünstig war als auch die Reinigungsintervalle deutlich zu groß gewählt wurden.

Schadensvermeidung/Instandsetzung

Der vorhandene Schimmelbefall musste – im Hinblick auf den vorgefundenen Umfang von einer Fachfirma – beseitigt werden. Hierfür mussten die Verglasungsabdichtungen in den betroffenen Bereichen weitgehend ausgetauscht werden, da der dort eingewachsene Schimmelbefall nicht vollumfänglich beseitigt werden konnte. In Abhängigkeit von der Intensität des Schimmelbefalls auf den Holzoberflächen und der Qualität der dort vorhandenen Beschichtungen mussten überdies bereichsweise auch die Beschichtungen der Flügelrahmen erneuert werden.

Um nach Durchführung dieser Maßnahmen das erneute Auftreten eines Schimmelbefalls zu vermeiden, war es darüber hinaus zwingend erforderlich, das Heiz- und Lüftungsverhalten des Mieters dergestalt anzupassen, dass nur noch im üblichen Maße – also zeitlich und räumlich begrenzt – hohe Oberflächenfeuchten an den Fenstern auftreten. Darüber hinaus mussten die Reinigungsintervalle an die sich aus dem Heiz- und Lüftungsverhalten ergebenden Oberflächenverhältnisse angepasst werden.

1.2 Übermäßiger Tauwasserausfall auf Isolierverglasungen (Beispiel 1)

Bauliche Situation und Schadensbild

In einer Mietwohnung im Geschosswohnungsbau wurde erhebliche Tauwasserbildung an den Verglasungen der Fenster gerügt. Bei den betroffenen Fenstern handelte es sich um Holzfenster mit Isolierverglasungen – entsprechend dem Aufdruck im Scheibenrandverbund – aus dem Jahr 1992. Bemängelt wurde insbesondere in den Morgenstunden auftretendes flächiges Kondensat an den Verglasungen im Schlafzimmer.

Schadensursache

Die Fenster und ihre Verglasungen wiesen keine konstruktiven Besonderheiten auf und genügten den Anforderungen der einschlägigen Regelwerke sowie den allgemein anerkannten Regeln der Technik zur Bauzeit.

Zur Überprüfung der behaupteten Tauwasserbildung und Beurteilung ihrer Ursachen wurden daher im Schlafzimmer zwei Datenlogger installiert, und zwar

› ein Datenlogger zur Messung der Raumlufttemperatur und der relativen Raumluftfeuchte sowie
› ein Datenlogger zur Messung der innenseitigen Oberflächentemperatur auf einer der betroffenen Verglasungen (Bild 72).

Bild 72 Messfühler auf der flächig von Tauwasserbildung betroffenen Verglasung im Schlafzimmer

Die Aufzeichnung der Messwerte erfolgte jeweils im Abstand von fünf Minuten über einen Zeitraum von gut fünf Wochen im Februar und März. Die Außenlufttemperatur lag im Messzeitraum im Wesentlichen zwischen −12 und +10 °C, im Mittel bei etwa 0 °C. Die Messwerte sind in den Kurvendiagrammen in Bild 73 dokumentiert.

Bei der Betrachtung der Messkurven zeigten sich zunächst einmal erhebliche Auswirkungen der Sonneneinstrahlung insbesondere auf die Oberflächentemperaturen, aber auch eine ansonsten durchaus erhebliche Schwankung der Oberflächentemperaturen im Tag-Nacht-Rhythmus. Auch die Raumlufttemperaturen schwankten im Tag-Nacht-Rhythmus, lagen aber mit im Wesentlichen zwischen 18 und 22 °C in einem üblichen Rahmen.

Die weitere Auswertung der Messwerte erfolgte nach dem in der Reihe ›Schadenfreies Bauen‹ Band 42 ›Schimmelschäden an Wänden und Decken‹ [Oster, 2020] detailliert beschriebenen *Verfahren komplexer Datenloggermessungen*. Vorliegend wurde zur Überprüfung, ob die behauptete Tauwasserbildung auch im Messzeitraum aufgetreten war, die Differenzkurve zwischen der gemessenen Oberflächentemperatur und der tauwasserkritischen Oberflächentemperatur berechnet (Bild 74). Der Kurve sind regelmäßige, über mehrere Stunden anhaltende Tauwasserbildungen in den frühen Morgenstunden anhand der Unterschreitungen der Nulllinie zu entnehmen, d. h., auch im Messzeitraum trat das bemängelte Beschlagen der Fenster auf.

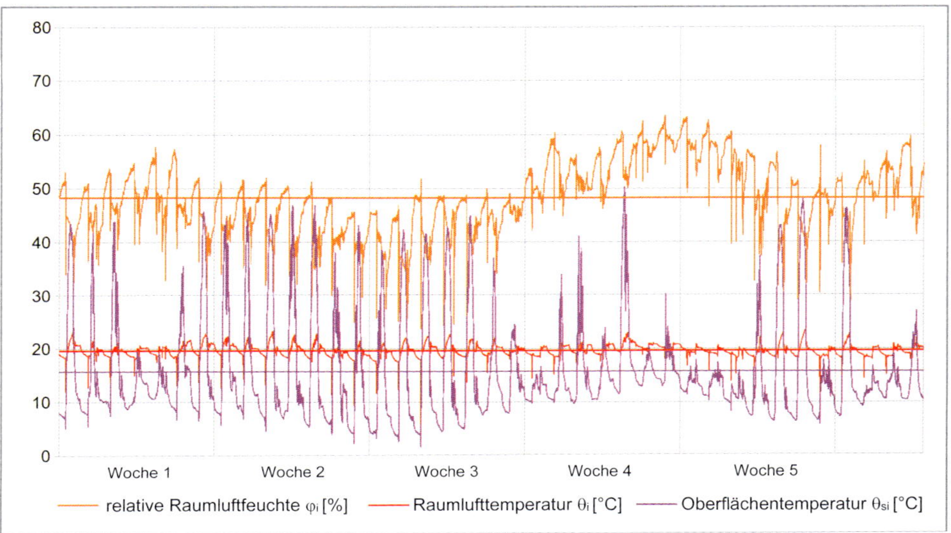

Bild 73 Messwerte für die relative Raumluftfeuchte, die Raumlufttemperatur und die Oberflächentemperatur im Schlafzimmer

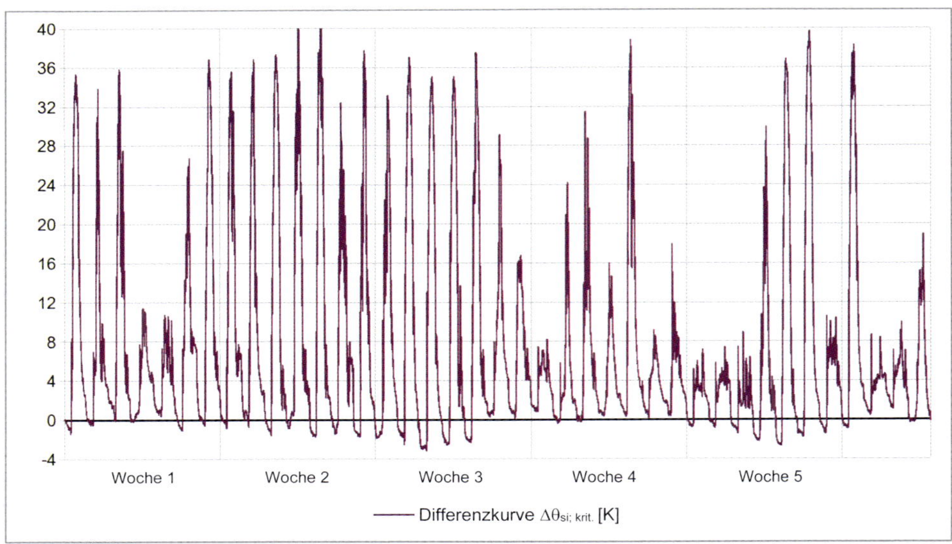

Bild 74 Differenz zwischen der gemessenen Oberflächentemperatur und der tauwasserkritischen Oberflächentemperatur

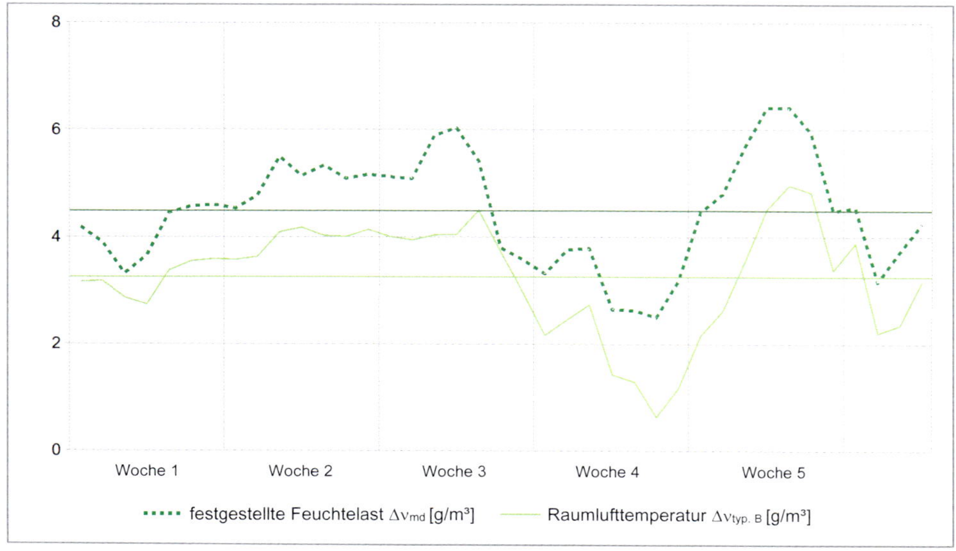

Bild 75 Tagesmittelwerte für die vorhandene und die charakteristische Feuchtelast im Schlafzimmer

Wesentlichen Einfluss auf das Auftreten bzw. Nichtauftreten von Tauwasser hat neben der Oberflächentemperatur natürlich das Raumklima. Aus diesem Grund wurde aus den Messwerten der Raumlufttemperatur und der relativen Raumluftfeuchte sowie den vom Deutschen Wetterdienst bereitgestellten Messwerten der Außenlufttemperatur und der relativen Außenluftfeuchte die sogenannte Feuchtelast im Schlafzimmer für den Messzeitraum berechnet und der für derartige Wohnungen charakteristischen Feuchtelast nach DIN 4108-3, Anhang D gegenübergestellt. Dabei zeigte sich, dass die tatsächlichen Feuchtelasten typische Feuchtelasten um gut 40 % überstiegen. Beide Kurven sind auf Bild 75 dargestellt.

Zuletzt wurde die Differenz zwischen der gemessenen tatsächlichen Oberflächentemperatur auf der untersuchten Verglasung und der tauwasserkritischen Oberflächentemperatur – aber unter Zugrundelegung eines charakteristischen Raumklimas – berechnet und in dem Kurvendiagramm in Bild 76 dargestellt. Es ist deutlich zu erkennen, dass in diesem Fall, also bei Einhaltung eines für derartige Wohnungen üblichen bzw. typischen Raumklimas, zu keinem Zeitpunkt Kondensat in dem untersuchten Bereich der Verglasung aufgetreten wäre. Vielmehr hätte die Oberflächentemperatur – unter Einhaltung der tatsächlichen Raumlufttemperaturen, aber einer dafür typischen relativen Raumluftfeuchte – im Wesentlichen um etwa 3 K und mehr oberhalb tauwasserkritischer Werte gelegen.

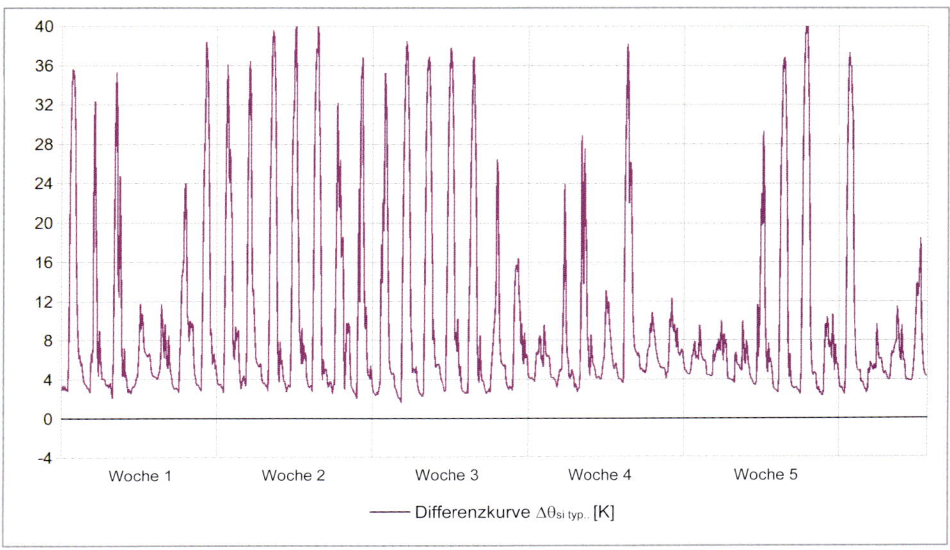

Bild 76 Differenz zwischen den gemessenen Oberflächentemperaturen und den spezifischen kritischen Oberflächentemperaturen bei charakteristischer Feuchtelast

Zusammenfassend war insofern Folgendes festzustellen:

- Das bemängelte Beschlagen der Fenster des Schlafzimmers in den frühen Morgenstunden trat tatsächlich auf.
- Es war auf eine unzuträglich hohe Raumluftfeuchte zurückzuführen und hätte unter Einhaltung typischer Raumklimate ohne Weiteres vermieden werden können. Es war insofern als nutzungsbedingt einzustufen.

Hierzu ist anzumerken, dass Tauwasserbildung an den Rahmen und Verglasungen von Fenstern gerade in Schlafzimmern nicht immer vermieden werden kann. Insbesondere wenn in kalten Winternächten sowohl die Fenster als auch die Schlafzimmertür geschlossen gehalten werden, kann es infolge der natürlichen Feuchteabgabe des Menschen zu vorübergehenden hohen Luftfeuchten und in der Folge in den frühen Morgenstunden vorübergehend zu Kondensat an kälteren Bauteiloberflächen bzw. auch in der Fläche von Verglasungen kommen. Dies kann auch bei wärmeschutztechnisch hochwertigen Fenstern, wie sie heute eingesetzt werden und den allgemein anerkannten Regeln der Technik entsprechen, nicht gänzlich ausgeschlossen werden. Zur Vermeidung von Folgeschäden, beispielsweise Schimmelbefall auf den Verglasungsabdichtungen, ist es daher erforderlich, in kritischen Wetterperioden hohen Raumluftfeuchten durch Stoßlüftungen direkt vor dem Zubettgehen und kurzfristig nach dem Aufstehen entgegenzuwirken und dennoch auftretendes Tauwasser abzuwischen.

Schadensvermeidung

Wie vorstehend bereits ausgeführt, kann Tauwasserbildung an Fenstern – je nach ihrer wärmeschutztechnischen Qualität – nur durch ein mehr oder weniger diszipliniertes Lüftungsverhalten vermieden bzw. reduziert werden. Zur Vermeidung weitergehender Schadensbilder, wie etwa Schimmelbefall, ist ein regelmäßiges Reinigen der Fenster in der Regel in haushaltsüblichen Abständen ausreichend. In Abhängigkeit von der Intensität der Tauwasserbildung können hier ggf. auch kürzere Reinigungsintervalle erforderlich werden. Nicht zuletzt hat aber natürlich auch die Raumlufttemperatur einen wesentlichen Einfluss, da geringere Raumlufttemperaturen zu geringeren Oberflächentemperaturen der Außenbauteile und damit zu einem höheren Tauwasserrisiko führen.

1.3 Übermäßiger Tauwasserausfall auf Isolierverglasungen (Beispiel 2)

Bauliche Situation und Schadensbild

In einer Wohnung eines um das Jahr 2002 errichteten Mehrfamilienhauses wurde flächige Tauwasserbildung an den Verglasungen der Fenster bei Außenlufttemperaturen unterhalb des Gefrierpunktes bemängelt. Entsprechend dem Aufdruck im Scheibenrandverbund handelte es sich um Schallschutzverglasungen mit einem Wärmedurchgangskoeffizienten U_g = 1,6 W/(m^{2}K). Die Bewohner der betroffenen Wohnung gaben an, diese im Wesentlichen kontinuierlich auf etwa 22 °C zu beheizen.

Schadensursache

Die vorgefundenen Schallschutzverglasungen entsprachen in wärmeschutztechnischer Hinsicht sowohl den zur Bauzeit gültigen einschlägigen Regelwerken als auch den allgemein anerkannten Regeln der Technik und sie wiesen keine augenfälligen Schäden auf, die ihre wärmeschutztechnischen Eigenschaften hätten beeinträchtigen können. Im Hinblick auf mögliche Ursachen für die gerügte Tauwasserbildung wurde daher grob überschlägig abgeschätzt, unter welchen raumklimatischen Randbedingungen der geschilderte Tauwasserausfall auftritt. Hierfür wurde nach DIN 4108-3 stark vereinfacht stationär die Oberflächentemperatur $\theta_{si;g}$ für die ungestörte Fläche der Verglasungen berechnet. Dies erfolgte unter Zugrundelegung der Angaben der Bewohner zu den von ihnen vorgehaltenen Raumlufttemperaturen und zu den Außenlufttemperaturen, bei denen flächiger Tauwasserniederschlag einsetzte:

$$\theta_{si;g} = \theta_i - R_{si} \cdot U_g(\theta_i - \theta_e) \qquad (4)$$

mit:

θ_i = 22 °C; Raumlufttemperatur (Angabe der Bewohner)

R_{si} = 0,13 (m²K)/W; raumseitiger Wärmeübergangswiderstand (DIN EN ISO 13788)
U_g = 1,6 W/(m²K); Wärmedurchgangskoeffizient der Verglasung
θ_e = 0 °C; Außenlufttemperatur, bei der flächige Tauwasserbildung einsetzt (Angabe der Bewohner)

ergibt sich:

$$\theta_{si;g} = 22\,C - 0{,}13\,(m^2K)/W \cdot 1{,}6\,W/(m^2K) \cdot (22\,°C - 0\,°C) = 17{,}4\,°C \quad (5)$$

Zu Tauwasserausfall in der ungestörten Fläche der Verglasung konnte es bei der vorstehend berechneten Oberflächentemperatur bei einem Überschreiten der nachfolgend berechneten tauwasserkritischen relativen Grenzluftfeuchte $\varphi_{i;krit.}$ kommen:

$$\varphi_{i;krit.} = \frac{p_{sat;\theta_{si}}}{p_{sat;\theta_i}} \quad (6)$$

mit:

$p_{sat;si;g}$ = 1 986 Pa; Wasserdampfsättigungsdruck für die Oberflächentemperatur von $\theta_{si;g}$ = 17,4 °C (DIN 4108-3, Tabelle C.1)
$p_{sat;\theta i}$ = 2 642 Pa; Wasserdampfsättigungsdruck für die Raumlufttemperatur von θ_i = 22 °C (DIN 4108-3, Tabelle C.1)

ergibt sich:

$$\varphi_{i;krit.} = 0{,}75 \quad (7)$$

Demzufolge ergab sich eine kritische Grenzluftfeuchte im Raum von $\varphi_{i;krit.}$ = 75 %, bei deren Überschreiten bei einer Raumlufttemperatur von 22 °C rechnerisch Tauwasserausfall in den ungestörten Flächen der Verglasungen auftreten konnte.

Derartige Raumluftfeuchten sind für die Heizperiode als ungewöhnlich und unter hygienischen Gesichtspunkten unzuträglich einzustufen. Sie lassen sich durch ein aus technischer Sicht übliches Nutzerverhalten – d. h. bei Durchführung regelmäßiger Stoßlüftungen sowie bei zusätzlich umgehendem Ablüften nutzungsbedingt hoher Feuchteeinträge in Küchen und Bädern – erfahrungsgemäß auch ohne Weiteres vermeiden. Der gerügte Tauwasserausfall an den Verglasungen war insofern nicht auf bauseitige Mängel, sondern auf ein unzuträglich feuchtes Raumklima zurückzuführen.

Hierzu ist anzumerken, dass die vorgenommene Berechnung der Oberflächentemperaturen zwar grundsätzlich die geltenden physikalischen Gesetzmäßigkeiten berücksichtigt, aber dennoch nur einen groben Anhaltswert liefern kann. Dies liegt insbesondere darin begründet, dass die Abschätzung eines im Einzelfall zutreffenden Wärmeübergangswiderstands einerseits sehr schwierig ist und andererseits dessen Einfluss insbesondere bei der Ermittlung der Oberflächentemperaturen an den Rahmen und Verglasungen von Fenstern vergleichsweise groß ist. Im Hinblick auf die sich im vorliegenden Fall ergebenden sehr hohen kritischen Raumluftfeuchten – die auf der Grundlage vorliegender Erfahrungen für flächigen Tauwasserausfall an Verglasungen mit dem vorliegenden U-Wert zumindest hinsichtlich ihrer Größenordnung zutreffen – kann die Beurteilung dennoch auf diese Weise vorgenommen werden.

Schadensvermeidung

Das Auftreten derartiger Tauwasserbildungen kann bei den vorgefundenen Fensterkonstruktionen alleine durch ein entsprechend angepasstes Heiz- und Lüftungsverhalten der Bewohner vermieden werden. Hierfür reichen vorliegend die im Allgemeinen als zumutbar eingeschätzten mindestens 20 °C Raumlufttemperatur und zwei bis drei tägliche Stoßlüftungen vollständig aus.

Selbstverständlich werden die zur Vermeidung von Tauwasserbildungen gestellten Anforderungen an das Nutzerverhalten umso geringer, je wärmeschutztechnisch hochwertiger die eingesetzten Verglasungen sind. So wäre bei ansonsten gleichen Randbedingungen (und mit denselben Ungenauigkeiten der Berechnung) für moderne Verglasungen mit einem Wärmedurchgangskoeffizienten U_g = 0,9 W/(m^{2}K) schon eine relative Raumluftfeuchte von etwa 85 % erforderlich um ab 0 °C flächigen Tauwasserausfall zu erhalten (Kapitel I-5.1.1, Bild 41)

.

1.4 Schimmelbefall an Dachflächenfenstern

Bauliche Situation und Schadensbild

In der Dachgeschosswohnung eines in den 1990er-Jahren erbauten Wohnhauses wurde wiederkehrende, flächige Tauwasserbildung an den Dachflächenfenstern bemängelt. Auf deren unteren und den beiden seitlichen Flügelrahmenhölzern zeigten sich überdies angrenzend an die Verglasungen schwarze, stockfleckenartige und gelblich-weiße, pelzige Ablagerungen auf einer Breite von bis zu etwa 4 cm (Bild 4; Kapitel I-1). Die Dachflächenfenster besaßen Flügel- und Blendrahmen aus Kiefernholz mit einer lasierenden, d. h. nichtdeckenden Beschichtung. Anhand des Typenschildes konnte der Wärmedurchgangskoeffizient des Fensters k_F (heute U_w) = 1,8 W/(m^{2}K) festgestellt werden. Die Brüstungen unterhalb der Dachflächenfenster waren etwa senkrecht zur Fensterfläche ausgerichtet. Die Wohnung wurde über herkömmliche Heizkörper beheizt, die jedoch nicht unterhalb der Dachflächenfenster angeordnet waren (Bild 77).

Schadensursache

Bei den betroffenen Dachflächenfenstern handelte es sich um für die Bauzeit typische Konstruktionen ohne Besonderheiten. Sie entsprachen konstruktiv und hinsichtlich ihres Wärmeschutzes den allgemein anerkannten Regeln der Technik zum Zeitpunkt ihres Einbaus und waren insofern zunächst einmal nicht zu beanstanden.

Wie im Kapitel I-5.2.1 dargestellt, sind derartige Dachflächenfenster aufgrund der spezifischen Gegebenheiten grundsätzlich in erhöhtem Maße tauwassergefährdet. Im vorliegenden Fall kamen jedoch zwei vermeidbare Aspekte hinzu: So wirkte sich die Lage der Heizkörper ungünstig aus, die nicht wie üblich unterhalb der Fenster angeordnet waren, sondern abseits, sodass die hiervon ausgehende Konvektion warmer Luft die kalten Fensterflächen nicht unmittelbar erreichen konnte. Erschwerend kam die Einbausituation mit der orthogonal zur Fensterebene verlaufenden unteren Laibungsfläche hinzu, durch die die Warmluftkonvektion zu den unteren Bereichen der Fenster zusätzlich behindert wurde. Insgesamt ergab sich insofern eine zusätzlich erhöhte Tauwasserneigung der Dachflächenfenster. Damit wurde zwar nicht gegen einschlägige normative Vorschriften verstoßen, sowohl in den bauzeitlichen Produktunterlagen von Herstellern von Dachflächenfenstern als auch in Fachveröffentlichungen (z. B. [ifz, 2007]) finden sich aber ausdrückliche Empfehlungen zur senkrechten Ausführung der unteren Laibung, um Warmluftkonvektion zu erleichtern und thermische Abschirmung möglichst zu vermeiden.

Bild 77 Einbausituation eines der betroffenen Dachflächenfenster

Die modellhafte numerische Isothermenberechnung in Bild 78 und Bild 79 zeigt als Abschätzung die unter Normrandbedingungen (Raumlufttemperatur θ_i = 20 °C, Außenlufttemperatur θ_e = −5 °C) vorliegend zu erwartenden Oberflächentemperaturen. In Anbetracht der Laibungsgeometrie im unteren Bereich und der Position der Heizflächen wurde für die Oberflächen von Rahmen und Verglasung abweichend von DIN EN ISO 13788 und DIN EN ISO 10077-2 der erhöhte Wärmeübergangswiderstand von R_{si} = 0,25 (m2K)/W nach DIN 4108-2 angesetzt. Die Oberflächentemperaturen liegen in der Fläche der Verglasung bei etwa 12 °C und fallen zu den Randbereichen hin bis auf etwa 2,5 °C ab. Damit ergeben sich bei einer angenommenen Raumlufttemperatur von 20 °C tauwasserkritische relative Raumluftfeuchten für den Randbereich der Verglasungen von lediglich etwas mehr als 30 %. Dies ist auch an kalten Wintertagen – an denen typischerweise vergleichsweise geringe Raumluftfeuchten zu verzeichnen sind – im Allgemeinen nicht einzuhalten.

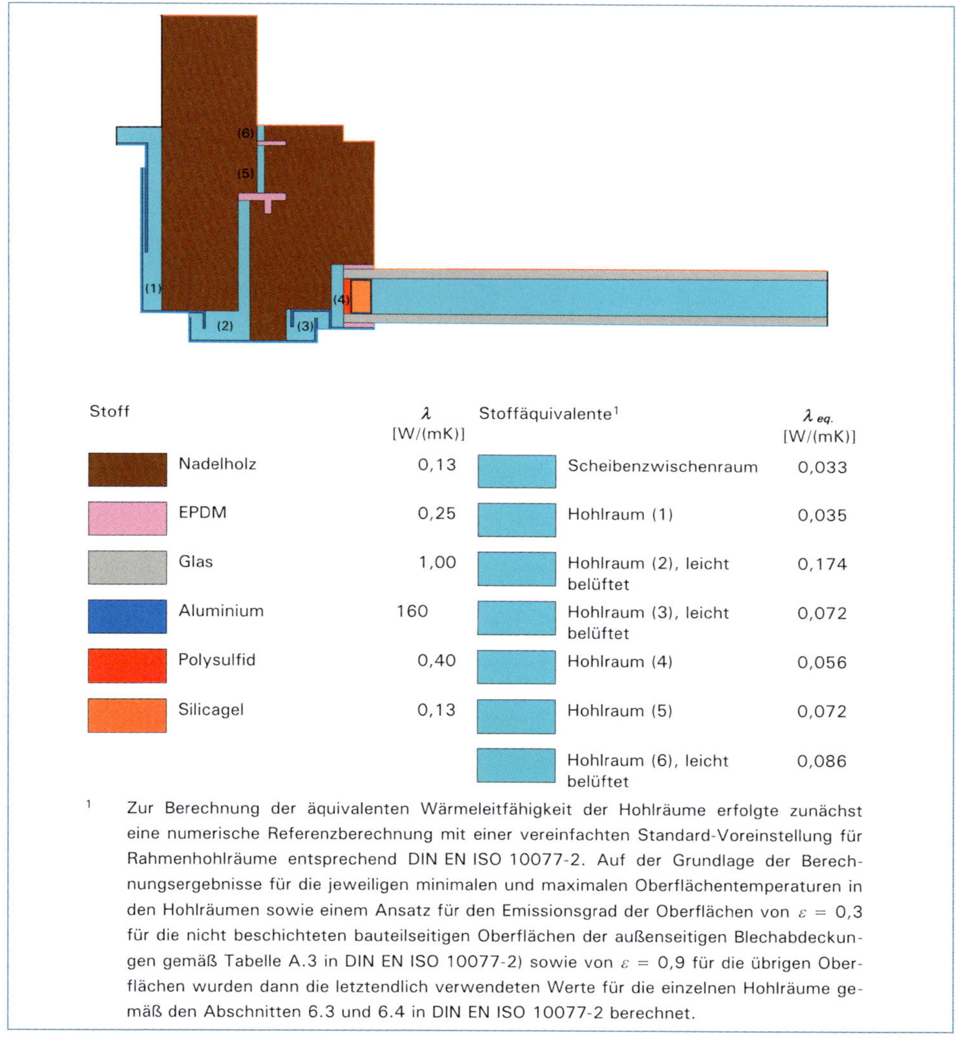

Bild 78 Der Isothermenberechnung [LBNL, 2018] zugrunde gelegter Konstruktionsaufbau sowie die wärmeschutztechnischen Eigenschaften der verwendeten Stoffe und Stoffäquivalente für Luftschichten

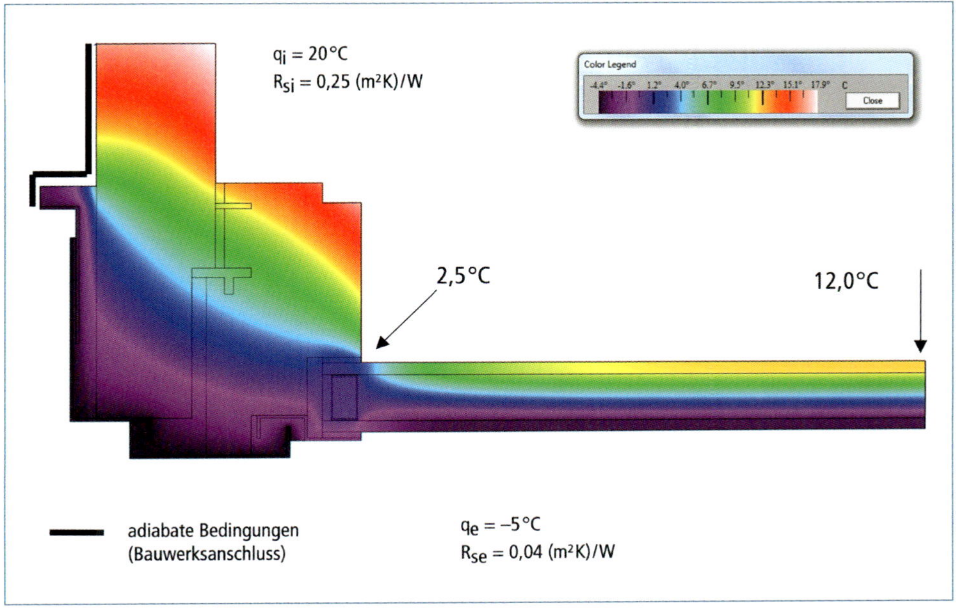

Bild 79 Berechnete Isothermenverläufe und Oberflächentemperaturen [LBNL,2018]

Insofern konnte insbesondere in den unteren Bereichen der Dachflächenfenster angrenzend an die Verglasungen von häufig feuchten Oberflächenverhältnissen an den Flügelrahmenprofilen ausgegangen werden. Genau in diesen Bereichen wies die zum Schutz des Holzes und zur Sicherstellung der Reinigungsfähigkeit aufgebrachte Lasur erhebliche Schäden wie Versprödungen, Risse und Ablösungen auf (Bild 80 und Bild 81).

Die so geschädigten Oberflächen konnten nicht mehr ohne Weiteres gereinigt werden, sodass Verschmutzungen und freiliegende Holzoberflächen den erforderlichen Nährboden für Schimmelbefall bilden konnten. Da ein ausreichendes Feuchteangebot – wie vorstehend gezeigt – ohnehin unterstellt werden konnte, war der vorgefundene Schimmelbefall nur mit einem übermäßigen Reinigungsaufwand zu verhindern.

Der gerügte und vorgefundene Schimmelbefall war insofern als baulich bedingt einzustufen, da die Beschichtung der Flügelrahmenprofile erhebliche Mängel aufwies. Es kann davon ausgegangen werden, dass die übermäßige Feuchtebeanspruchung in den unteren Bereichen der Dachflächenfenster im Zusammenhang mit der Sonneneinstrahlung zu einem vergleichsweise frühen Versagen der Beschichtung geführt hatte. Seitens der Hersteller von Dachflächenfenstern werden daher für derartige Beschichtungen vergleichsweise kurze Wartungsintervalle von höchstens zwei Jahren bei starker Feuchtigkeitsbelastung (z. B. in Küche, Bad oder Schlafzimmer) und höchstens vier Jahren bei normaler Belastung empfohlen. Hervorzuheben ist in diesem Zusammenhang, dass es sich bei der Instandhaltung dieser Beschichtungen nicht um Schönheitsreparaturen handelt, sondern – wie das vorliegende Schadensbeispiel zeigt – um eine Notwendigkeit zur Erhaltung der Bausubstanz. Aus Sicht der Verfasser ist die Instandhaltung derartiger Beschichtungen im Vermietungsbereich daher dem Vermieter zuzuordnen (es sei denn, es werden besondere Vereinbarungen getroffen; Kapitel I-5.2.1).

Bild 80 Versprödungen, Risse und Ablösungen in der Lasur der unteren Bereiche der Flügelrahmen der Dachflächenfenster

Bild 81 Versprödungen, Risse und Ablösungen in der Lasur der unteren Bereiche formal der Flügelrahmen der Dachflächenfenster

Schadensvermeidung/Instandsetzung

Zunächst einmal war der Schimmelbefall durch eine Fachfirma zu beseitigen. Anschließend mussten die betroffenen Dachflächenfenster hinsichtlich ihrer Beschichtungen grundlegend überarbeitet werden.

Schimmelbefall kann an derartigen Dachflächenfenstern nur durch eine regelmäßige Reinigung der gefährdeten Profile vermieden werden. Die Reinigungsintervalle richten sich dabei insbesondere nach der Intensität der Feuchtebeanspruchung der betreffenden Profile durch Tauwasserniederschlag an den Fenstern. Unabdingbare Voraussetzung für die Reinigung sind aber Oberflächen, die eine einfache Reinigung ermöglichen. Vor diesem Hintergrund kommt der Instandhaltung der Beschichtungen von Dachflächenfenstern eine besondere Bedeutung zu.

1.5 Verschmutzungen und Ablaufspuren an einer Lichtkuppel

Bauliche Situation und Schadensbild

In einer Mietwohnung in einem Anfang der 1990er-Jahre errichteten Mehrfamilienhaus wurden massive Wasserablaufspuren unterhalb einer zweischaligen Lichtkuppel in der Decke im Flur bemängelt (Bild 47; Kapitel I-5.2.2).

Schadensursache

Lichtkuppeln sind bauteil- und lagebedingt – ähnlich wie Dachflächenfenster – aufgrund der im Kapitel I-5.2. erläuterten Besonderheiten (Abstrahlung, geometrische Wärmebrücken, verringerter Wärmeschutz »liegender« Luftschichten) grundsätzlich erheblich anfälliger gegenüber Auskühlen und Tauwasserausfall sowie entsprechenden Begleiterscheinungen wie Ablaufspuren und Schimmelbildung als übliche, vertikale Fenster.

Demzufolge kommt einerseits zwar den wärmeschutztechnischen Eigenschaften von Lichtkuppeln besondere Bedeutung zu. Andererseits waren jedoch weder zur Bauzeit in der relevanten Wärmeschutzverordnung [WschVO, 1982] und der einschlägigen DIN 4108-2 (Ausgabe 1981-08) konkrete Anforderungen enthalten, noch existieren abgesehen von den Referenzwerten im Gebäudeenergiegesetz [GEG, 2020] entsprechende Höchstwerte für Wärmedurchgangskoeffizienten heute. Für die vorliegende Kuppel mit einer für die Ausführungszeit typischen zweischaligen Haube konnte von einem Wärmedurchgangskoeffizienten von etwa 3,5 $W/(m^2K)$ ausgegangen werden [FVLR, 2017].

Insgesamt war die betroffene Lichtkuppel insofern aus technischer Sicht formal zunächst einmal nicht zu beanstanden, zumal auch keine augenfälligen Schäden an Lichtdurchlass oder Lichtkuppelkranz festgestellt wurden. Dennoch war aufgrund der in Kapitel I-5.2 erläuterten Gegebenheiten – auch bei insgesamt unkritischen raumklimatischen Verhältnissen und haushaltsüblichen Feuchteeinträgen – zumindest zeitweiser Niederschlag von Kondensat an den raumseitigen Oberflächen der Lichtkuppel nicht zu vermeiden. Dieses Kondensat konnte jedoch von den Mietern nicht ohne Weiteres abgewischt werden, sondern lief nach unten ab und führte an den Laibungsflächen zu den gerügten Ablaufspuren. Auch diese konnten aufgrund der unterhalb der Lichtkuppel vorhandenen Gipskartonbekleidungen mit Raufasertapete und Dispersionsfarbanstrich nicht einfach im Zuge haushaltsüblicher Reinigung, sondern lediglich durch Renovierung beseitigt werden.

Es handelte sich insofern vorliegend aus technisch-sachverständiger Sicht um einen baulichen Mangel, da die bemängelten Ablaufspuren durch den üblichen Gebrauch der Mietsache nicht verhindert werden konnten. Das Schadensbeispiel bestätigt die Sicht der Verfasser, dass eine Anwendung von Lichtkuppeln für Wohnnutzungen als nicht grundsätzlich unproblematisch einzustufen ist, sondern neben der Auswahl einer wärmeschutztechnisch hochwertigen Lichtkuppelkonstruktion insbesondere auch einer bewussten Gestaltung der angrenzenden Laibungsbekleidungen bedarf (Kapitel I-5.2.2).

Instandsetzung

In Anbetracht der vorstehenden Bewertung war die aus technisch-sachverständiger Sicht hinsichtlich ihres Wärmeschutzes ungenügende Lichtkuppel zum einen gegen eine aktuelle, wärmeschutztechnisch hochwertige Konstruktion auszutauschen. Zum anderen wurde empfohlen, die Situation durch den Einbau von Bekleidungen mit feuchteunempfindlichen Oberflächen unterhalb der Lichtkuppeln (ggf. sogar zusätzlich mit Wassersammelrinnen im Bereich des unteren Abschlusses) weiter zu verbessern und auf diese Weise schädigende Auswirkungen auch geringer Tauwassermengen sicher auszuschließen.

1.6 Tauwasserbildung in einem Wintergarten

Bauliche Situation und Schadensbild

An den Fenstern eines Wintergartens wurden ausgeprägte Tauwasserbildungen gerügt. Der Wintergarten war dem Schlafzimmer der Wohnung vorgelagert und mit diesem über großformatige Glaselemente mit Einscheibenverglasungen und einer Türöffnung verbunden (Bild 82). Weitere Fenster besaß das Schlafzimmer nicht, sodass dessen Lüftung ausschließlich über den Wintergarten erfolgen konnte. Der Wintergarten wiederum besaß keine eigene Beheizungsmöglichkeit, sondern sollte offenbar über den im Schlafzimmer unmittelbar neben der Wintergartentür befindlichen Heizkörper mit beheizt werden. Bei den Fenstern des Wintergartens handelte es sich um zur Bauzeit Anfang der 1990er-Jahre typische Holzfenster mit herkömmlichen Isolierverglasungen mit einem Wärmedurchgangskoeffizienten U_g = 2,8 W/(m^{2}K), die innenseitig mit Jalousien als Sichtschutz versehen waren (Bild 82).

Schadensursache

Aufgrund der baulichen Randbedingungen konnte für den Bereich des Wintergartens häufig wiederkehrender, flächiger Tauwasserausfall auch bei üblichen raumklimatischen Bedingungen nicht vermieden werden. Da der Wintergarten über keine eigene Heizfläche verfügte, konnte eine Beheizung lediglich über einen Raumverbund zum

Schlafzimmer erfolgen. Bei geöffneter Wintergartentür verdeckte diese jedoch den Heizkörper im Schlafzimmer (Bild 82), sodass die Warmluftkonvektion in den Wintergarten zusätzlich erschwert wurde. Insgesamt war offensichtlich ein regelmäßiges Geschlossenhalten der Tür vorgesehen. Insofern war von einer vergleichsweise geringen Raumtemperatur im Wintergarten in der kalten Jahreszeit sowie einem planmäßigen Auskühlen seiner Außenbauteile, insbesondere der Verglasungen der Fenster (als den wärmeschutztechnisch schwächsten Elementen) auszugehen. Da ein Austausch »verbrauchter« Raumluft des Schlafzimmers gegen »frische« Außenluft in erster Linie über die Verbindungstür und die Fenster des Wintergartens möglich war, war ein regelmäßiges Beschlagen der ausgekühlten Fenster nicht zu vermeiden.

Zwar entsprachen die bemängelten Fenster des Wintergartens den einschlägigen wärmeschutztechnischen Anforderungen und den allgemein anerkannten Regeln der Technik zur Bauzeit und waren insofern nicht zu beanstanden. Dennoch lagen hier aus technisch-sachverständiger Sicht bauliche Ursachen vor, nämlich die ungünstige bauliche Gesamtsituation. Anzumerken ist in diesem Zusammenhang, dass auch in den anderen Räumen der Wohnung gleichartige Fenster verbaut waren, dort aber nicht zu Beanstandungen geführt hatten.

Schadensvermeidung/Instandsetzung

Es wurde empfohlen, im Wintergarten im Brüstungsbereich unterhalb der Fenster einen weiteren Heizkörper anzuordnen oder alternativ die Trennwand zum Schlafzimmer zu entfernen und so den Wintergarten dem Schlafzimmer zuzuschlagen.

Bild 82 Blick vom Schlafzimmer in den Wintergarten

2 Schadensbilder innerhalb von Fensterkonstruktionen

2.1 Tauwasserbildung an den äußeren Verglasungen von Holzkastenfenstern (Beispiel 1)

Bauliche Situation und Schadensbild

In einer Villa mit zwei über ein offenes Treppenhaus miteinander verbundenen Etagen wurden Zuglufterscheinungen im Bereich der Fenster bemängelt. Überdies wurde massive Tauwasserbildung in der kalten Jahreszeit an der Innenseite der äußeren Verglasungen der Holzkastenfenster gerügt, und zwar insbesondere im oberen der beiden Geschosse (Bild 83). Für Außenlufttemperaturen deutlich unter dem Gefrierpunkt wurde ein so massiver Tauwasserausfall beschrieben, dass die Schwitzrinne in der Fensterbank zwischen den Fensterebenen voll Wasser stehe.

Das in den 1930er-Jahren als freistehendes Wohnhaus in massiver Bauart errichtete Gebäude besaß noch die im Wesentlichen bauzeitlichen einfachverglasten Holzkastenfenster.

Schadensursache

Zunächst einmal ist festzustellen, dass es sich bei den betroffenen Holzkastenfenstern um Konstruktionen handelt, wie sie in technischer Hinsicht bis in die 1970er-Jahre hinein üblich waren und den allgemein anerkannten Regeln der Technik zur Bauzeit entsprachen (z. B. [Blunck, 1926], [Reitmayer, 1940], DIN 18052-1, Ausgabe 1955-10). Bei derartigen Fensterkonstruktionen ohne bauseitige Flügel- oder Falzdichtungen aus elastischen polymeren Profilen hängt die Luftdichtheit im Wesentlichen von den Passungen im Bereich der Fälze von Blend- und Flügelrahmen bzw. der Stulpe von Flügelrahmen untereinander, von der Schließbarkeit und von der Funktionsfähigkeit der für die Dichtheit relevanten Konstruktionselemente ab (Kapitel I-4.2.1).

Bei einer weitgehend einwandfreien Schließbarkeit der Fenster, genauen Passungen der Fälze sowie der Einhaltung der übrigen konstruktiven Randbedingungen kann zwar eine Luft- und Schlagregendichtheit entsprechend den heutigen Anforderungen aus DIN EN 12207 und DIN 18055 nicht erzielt werden. Älteren Quellen zufolge (z.B. [Raisch, 1922], [Raisch, 1928] und [Siegwart, 1932]) kann für derartige Fenster jedoch eine Luftdichtheit erreicht werden, die sogar wesentlich jüngeren Anforderungen, beispielsweise aus der Wärmeschutzverordnung von 1977, entspricht [WSchVO, 1977]. Voraussetzungen hierfür sind jedoch

› die im Wesentlichen unbeeinträchtigte Schließbarkeit der Fensterebenen,
› die Wirksamkeit der Verriegelungen und damit ein ausreichender Andruck der Flügelrahmen und
› genaue Passungen der Fälze, die insbesondere auch einen ausreichenden Übergriff der Deckfälze auf die angrenzenden Rahmenflächen sowie ein Anliegen der Falzwangen gewährleisten (Kapitel I-3.3).

Bild 83 Flächiger Tauwasserausfall an der Innenseite der äußeren Verglasung eines Holzkastenfensters

Der Zustand der betroffenen Fenster war zwar nicht ganz ungewöhnlich für mehrere Jahrzehnte alte Kastenfenster, allerdings wurden in zahlreichen Bereichen vergleichsweise erhebliche Einschränkungen der Fugendichtheit festgestellt, insbesondere:

› offensichtliche Undichtheiten, an denen Licht durch die Fälze schien oder sogar ein Durchblick möglich war (Bild 84),

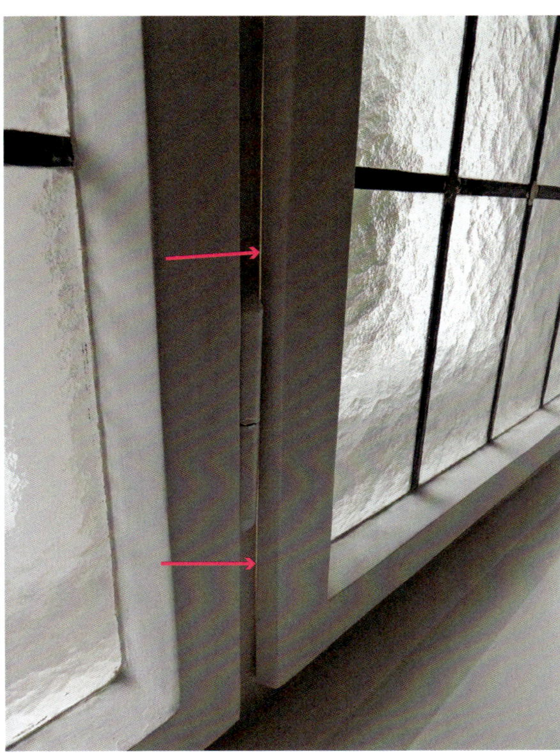

Bild 84 Auf der Schlossseite bei geschlossenem Fenster sichtbarer Lichtschein in der Schließfuge

- Fensterflügel bzw. -flügelpaare, bei denen keine vollständige Verriegelung der Schubriegelverschlüsse möglich war bzw. Fenster, die sich im verriegelten Zustand senkrecht zur Fensterebene hin- und herbewegen ließen (»klappern«; Bild 85)

Bild 85 Fehlender Eingriff des Schubriegels in den oberen Schließkloben am Stulp

- größere Spalte zwischen den Deckfälzen und den angrenzenden Rahmenflächen (Bild 86)
- mangelhafte Passungen der Fälze, insbesondere erhebliche Einschränkungen hinsichtlich des Übergriffs der Deckfälze auf die Blendrahmen.

Bild 86 Spaltmaß von bis zu 4 mm zwischen Schlageleiste und Standflügel im Bereich des Schließblechs am Mittelanschlag

Insgesamt waren nicht nur die gerügten Zuglufterscheinungen, sondern auch übermäßige Lüftungswärmeverluste eine Folge dieser Undichtheiten. Auch der gerügte erhebliche, als ungewöhnlich und übermäßig einzustufende Tauwasserausfall insbesondere im Bereich der Fenster im Obergeschoss war auf diese Undichtheiten zurückzuführen. So steigt das Risiko eines derartigen Tauwasserausfalls mit zunehmender Luftdurchlässigkeit der raumseitigen Fensterebene. Er wird erfahrungsgemäß jedoch auch mit zunehmender Fugendurchlässigkeit der Gesamtkonstruktion begünstigt, sofern nicht eine überproportionale Luftundichtheit der äußeren Fensterebene für eine Entfeuchtung des Scheibenzwischenraums sorgt, was vorliegend nicht der Fall war. Vielmehr hatten insgesamt stärkere Schwinderscheinungen an den Rahmenhölzern der raumseitigen Fensterebene gegenüber der äußeren zu einer mehr oder weniger erhöhten Fugendurchlässigkeit geführt, was wiederum als typisch für mehrere Jahrzehnte alte Holzkastenfenster einzuschätzen ist. Dieses typische Schwindverhalten führt immer wieder – auch ohne das Vorliegen offensichtlicher oder besonders ausgeprägter Undichtheiten wie im vorliegenden Fall – zu dem Erfordernis, eine nachträgliche fachgerechte Abdichtung der raumseitigen Fensterebene herzustellen [Bredemeyer, 2013]. Insgesamt waren die festgestellten Undichtheiten – auch in Anbetracht üblicher Alterungserscheinungen – aber als übermäßig einzustufen, sodass die gerügten Zuglufterscheinungen und Tauwasserbildungen als konstruktionsbedingt zu beurteilen waren.

Anzumerken ist, dass auch das überwiegende Auftreten der Tauwasserbildungen im Obergeschoss unter Berücksichtigung des im Kapitel I-2.2.4 beschriebenen Wirkmechanismus für Konvektion innerhalb einer Gebäudehülle während der Heizperiode typisch ist. So wirken sich – auch bei weitestgehend übereinstimmendem Zustand der Fenster – Undichtheiten in den oberen Geschossen von (Wohn-)Gebäuden ungleich größer auf die Tauwasserneigung derartiger Fensterkonstruktionen aus als in den unteren Geschossen.

Instandsetzung

Wie oben bereits ausgeführt, gilt es bei Holzkastenfenstern insbesondere die Dichtigkeit der inneren Fensterebene zu verbessern, um Zuglufterscheinungen und Tauwasserbildung zu vermeiden. Bei derartigen, mehrere Jahrzehnte alten Konstruktionen ist das tischlermäßige Wiederherstellen der Passungen in der Regel sehr aufwendig. Daher werden meist – so auch im vorliegenden Fall – Schlauchdichtungen aus Silikon oder anderen geeigneten Materialien in die Innenecken der Flügelrahmenfälze eingenutet. Derartige Schlauchdichtungen gibt es in unterschiedlichen Querschnittsabmessungen, sodass sie bei entsprechender Dimensionierung eine schadenfreie und unbeeinträchtigte Komprimierung und Abdichtung der inneren Fensterebene erlauben. Ergänzend waren die Beschläge zur Sicherstellung einer einwandfreien Gang- und Schließbarkeit teilweise anzupassen.

Auch bei derartig abgedichteten Fensterebenen verbleiben allerdings unvermeidbare Schwachpunkte, z. B. im Bereich der Schlageleisten von Stulpflügeln, die jedoch auf einzelne Punkte beschränkt bleiben und erfahrungsgemäß nicht zu nennenswerten Beeinträchtigungen der Gebrauchstauglichkeit führen (Kapitel I-8.4).

2.2 Tauwasserbildung an den äußeren Verglasungen von Holzkastenfenstern (Beispiel 2)

Bauliche Situation und Schadensbild

In einer denkmalgeschützten, Mitte der 1920er-Jahre errichteten Mietwohnanlage wurde in einer Wohnung übermäßiger Tauwasserausfall an der Innenseite der äußeren Verglasungsebene der Holzkastenfenster bemängelt (Bilder 87 und 88).

Bild 87 Ablaufspuren von Tauwasser an den Rahmenprofilen der äußeren Fensterebene

Bei den betroffenen Holzkastenfenstern war jeweils die innere Fensterebene auf unterschiedliche Weise nachträglich abgedichtet worden, nämlich zum einen mit Schlauchdichtungen und zum anderen mit selbstklebenden Bändern aus Schaumkunststoff. Zusätzlich waren zur Verbesserung des Wärmeschutzes die inneren Einfachverglasungen durch Glastafeln mit niedrig emittierenden Beschichtungen (sogenanntes K-Glass) ersetzt worden (Kapitel I-4.2).

Bild 88 Abgelaufenes Tauwasser und geschädigte Beschichtung des unteren Flügelrahmenquerstücks

Schadensursache

Grundsätzlich ist die Situation in diesem Fall zunächst einmal ähnlich einzuschätzen, wie bei dem vorstehend beschriebenen Schadensfall 2.1. Auch hier handelt es sich um übliche bauzeitliche Holzkastenfenster, die für derartige Konstruktionen typische Defizite aufwiesen.

Allerdings waren zu deren Kompensation bereits Dichtungen in der inneren Fensterebene eingebaut worden. Dabei waren jedoch grundsätzliche Fehler gemacht worden, die wiederum zu erheblichen Undichtigkeiten der inneren Fensterebene geführt hatten. So wurden bei einem Teil der Fenster Schaumkunststoffbänder überwiegend im Bereich des Deckfalzes der Fensterflügel in der inneren Fensterebene (Bild 89) und teilweise auf den Blendrahmen aufgeklebt. Jedoch wurden dabei nicht alle Spalte und Fehlstellen durch die eingeklebten Schaumkunststoffbänder ausgefüllt bzw. überdeckt (Bild 90).

Bild 89 Nachträglich eingeklebte Schaumkunststoffbänder im unteren Flügelrahmenbereich und im Stulpbereich eines Flügelrahmens

Bild 90 Ca. 15 cm lange Fehlstelle in der im Blendrahmen eingeklebten Dichtung

Unabhängig hiervon sind diese Maßnahmen allerdings auch insoweit als eher kontraproduktiv einzustufen, als hierdurch konstruktionsbedingt keine lückenlose, umlaufend geschlossene Dichtungsebene geschaffen werden kann. Überdies tragen die vorliegend eingebauten Schaumkunststoffbänder aufgrund ihrer vergleichsweise geringen Komprimierbarkeit erheblich, d. h. bis zu ca. 3 mm auf, sodass die Deckfälze durch den Andruck der Dichtungen von der Blendrahmenvorderseite gegenüber dem Ausgangszustand abgedrückt und die Falzräume zusätzlich aufgeweitet werden. An den Stößen der Profile und dort, wo sie enden, verbleiben in der Folge jedoch zwangsläufig vergleichsweise breite, gegenüber dem Vorzustand zumeist aufgeweitete Spalte, die der Wirksamkeit der Dichtungen entgegenstehen. Besonders ungünstig wirkt sich dies in den Bereichen aus, in denen die Dichtungsebenen verspringen, z. B. im Stulpbereich der Fenster (Bild 87).

Des Weiteren ist beim nachträglichen Einbau von Dichtungen in Fenstern in der Regel die Anpassung der Bänder und Verriegelungen an die Größe der eingebrachten Dichtungen bzw. die hierdurch veränderte Falzgeometrie erforderlich, um die spannungsfreie Schließbarkeit des Fensters zu ermöglichen. Im vorliegenden Fall wurde jedoch hierauf verzichtet und vermutlich aus diesem Grund auf den Bandseiten der Fensterflügel im Wesentlichen auf das nachträgliche Einkleben von Dichtungen verzichtet. Dadurch war die neue Dichtungsebene in einem großen Bereich unterbrochen. Vor diesem Hintergrund waren die durchgeführten Maßnahmen mit selbstklebenden Schaumkunststoffbändern bei Weitem nicht fachgerecht und als ursächlich für die an den betreffenden Fenstern bemängelten massiven Tauwasserbildungen einzustufen.

Bei den übrigen Fenstern waren bereits – höherwertige – Schlauchdichtungen aus Silikon in nachträglich eingefrästen Nuten in den Deckfalz der Flügelrahmen eingesetzt worden. Dies ist grundsätzlich zunächst einmal nicht zu bemängeln und stellt für derartige Fensterkonstruktionen eine übliche, vergleichsweise kostengünstige und bewährte Maßnahme zur Verbesserung der Dichtigkeit dar.

Im vorliegenden Fall waren auch dabei allerdings gravierende Fehler unterlaufen. So fehlten bei mehreren Fensterflügeln die Schlauchdichtungen im Bereich einzelner Kanten bzw. waren offenbar herausgefallen (Bild 91). Überdies waren die Schlauchdichtungen nicht geschlossen um die Ecken herumgezogen, sondern dort jeweils stumpf gestoßen. Dies ermöglichte übermäßige Bewegungen der Dichtungsprofile und in der Folge das Entstehen von Lücken (Bild 92).

Bild 91 Fehlende Schlauchdichtung an einem Fensterflügel

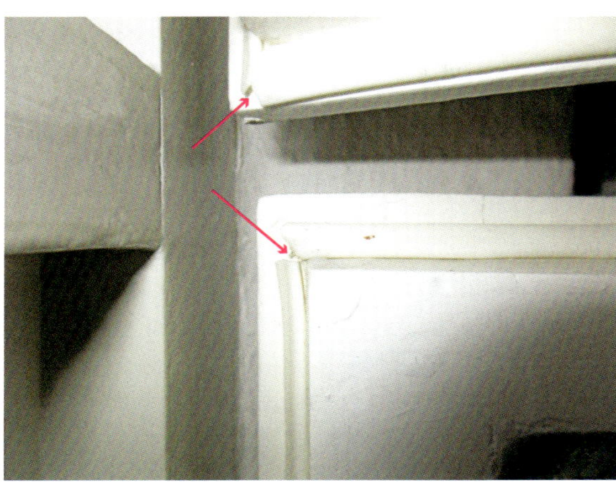

Bild 92 Schlauchdichtungen in der raumseitigen Fensterebene mit Fehlstellen infolge stumpf gestoßener Eckausbildung

Auch bei dieser Art der nachträglichen Abdichtung von Fensterfugen wird die Undichtheit im Bereich von Fehlstellen aber in besonderem Maße erhöht, da auch hier der Fugenquerschnitt zwischen dem Deckfalz des Flügelrahmens und der Blendrahmenvorderseite gegenüber der Ausgangssituation durch den Einbau der Dichtungen zusätzlich aufgeweitet wird. Die insoweit besonders ausgeprägten Fehlstellen in der raumseitigen Dichtungsebene lassen während der Heizperiode einen übermäßigen Zutritt warmer, feuchteangereicherter Raumluft in den Scheibenzwischenraum mit entsprechend intensivem Tauwasserausfall in der äußeren Fensterebene zu.

Nicht zuletzt war auch die Wirksamkeit der eingebauten Schlauchdichtungen im Stulpbereich einzelner Fenster eingeschränkt, weil die Schlauchdichtungen für den vorhandenen Spalt zu gering dimensioniert waren (Bild 93). Insofern war auch der Einbau dieser Schlauchdichtungen mangelhaft und mitursächlich für den gerügten massiven Tauwasserausfall an der äußeren Fensterebene.

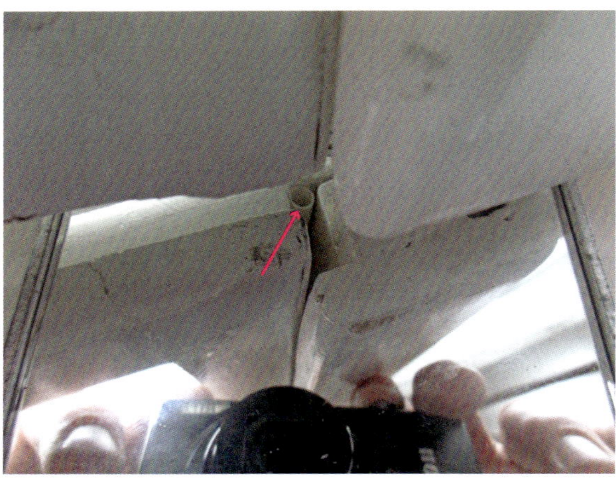

Bild 93 Im Stulpbereich eingebaute Schlauchdichtung ohne Andruck an die Fugenflanken

Im vorliegenden Fall traten die Auswirkungen der festgestellten Undichtheiten der inneren Fensterebene besonders deutlich zutage, weil diese mit Gläsern mit niedrig emittierenden Beschichtungen ausgestattet war. Diese Verglasungen bewirken eine Verringerung des Wärmedurchgangs, damit eine Verringerung der Lufttemperatur im Scheibenzwischenraum und in der Folge auch eine Verringerung der innenseitigen Oberflächentemperatur an der äußeren Verglasung. Dadurch erhöht sich natürlich auch die Tauwasserneigung an dieser Verglasung.

Schadensvermeidung / Instandsetzung

Grundsätzlich ist der vorliegend zumindest in Teilbereichen gewählte Weg zur Verbesserung der Fugendichtheit der inneren Fensterebene mit Schlauchdichtungen aus Silikon oder anderen geeigneten Materialien richtig. Diese werden mit geeigneten Querschnittsabmessungen, die eine schadenfreie und unbeeinträchtigte Komprimierung erlauben, in gefräste Nuten in den Ecken der Flügelrahmenfälze eingesetzt. Um eine einwandfreie Gang- und Schließbarkeit auch nach dem Einsetzen der Schlauchdichtungen sicherzustellen, sind in aller Regel ergänzende Maßnahmen an den Beschlägen erforderlich ([VFF, 2014], [Bredemeyer, 2013], [Müller, 1996]). Da im vorliegenden Fall der Einbau der Schlauchdichtungen aber mit erheblichen Mängeln erfolgt war, mussten entsprechende Nacharbeiten erfolgen und neue lückenlose Schläuche eingesetzt sowie die Beschläge angepasst werden. Die ungeeigneten selbstklebenden Schaumkunststoffbänder mussten entfernt und ebenfalls durch fachgerecht eingebaute Schlauchdichtungen ersetzt werden.

Durch die übermäßige Tauwasserbeanspruchung waren im vorliegenden Fall überdies die Beschichtungen insbesondere der unteren Flügelrahmenquerstücke in Mitleidenschaft gezogen. Hier zeigten sich bereits Risse und für die Reinigung schwer zugängliche Vertiefungen waren mit Schimmel befallen. Insofern waren weitergehende Maßnahmen zur Beseitigung auch dieser Schäden erforderlich, um eine zukünftig schadenfreie Nutzung zu ermöglichen.

2.3 Tauwasserbildung und Schimmelbefall im Scheibenzwischenraum von Verbundfenstern

Bauliche Situation und Schadensbild

In einer Mietwohnung im 6. Stock einer größeren, Ende der 1960er-Jahre errichteten Wohnanlage wurde flächiger Tauwasserausfall an der Innenseite der äußeren Verglasungsebene sowie erheblicher Schimmelbefall im Scheibenzwischenraum der bauzeitlichen Holz-Verbundfenster gerügt (Bild 94). Die Fenster waren – untypisch für die Bauzeit und insofern vermutlich nachträglich – mit Dichtungen in der ersten Falzstufe des Blendrahmens ausgestattet. Im Scheibenzwischenraum waren an sämtlichen Fenstern Jalousien mit nach innen geführten Bedienelementen eingebaut (Bild 95). Die Beschichtungen der Fenster waren augenscheinlich seit vielen Jahren nicht mehr instandgehalten worden und wiesen erhebliche Risse und Abplatzungen auf (Bild 96).

Bild 94 Tauwasserbildung an der äußeren Fensterebene und Schimmelbefall im Scheibenzwischenraum

Bild 95 Durch den Flügelrahmen der inneren Fensterebene der Verbundfenster geführte Bedienelemente der Jalousien

Bild 96 Risse und Abblätterungen der Beschichtung beider Flügelebenen der Verbundfenster; Schimmelbefall und Tauwasserbildung

Schadensursachen

Vor dem Hintergrund der im Kapitel I-6.2 beschriebenen konstruktiven Eigenschaften von Verbundfenstern ist Tauwasserbildung auf der Innenseite der äußeren Verglasungsebene bei dieser Fensterkonstruktion in begrenztem Umfang nicht ungewöhnlich. Die vorliegend beschriebene Ausprägung der Tauwasserbildung und deren offensichtliche Auswirkungen auf die Rahmenprofile waren jedoch als übermäßig zu bezeichnen. Die Ursachen hierfür lagen in mehreren besonderen konstruktiven Defiziten der betroffenen Fenster, wenngleich auch ein Einfluss aus einem ungünstig feuchten Raumklima vorliegend nicht auszuschließen war. Folgende konstruktive Probleme wurde festgestellt:

› Die in der ersten Falzstufe des Blendrahmens eingebauten Profile waren in den Eckbereichen lediglich stumpf gestoßen. Die hierdurch bedingten Fehlstellen mit einer Breite im Millimeterbereich sowie einer Tiefe entsprechend der Profildicke von ca. 3 mm führten zu einer erheblichen Beeinträchtigung der Wirksamkeit dieser Dichtungen. Überdies waren die Dichtungen überlackiert worden und daher hart und spröde. Sie besaßen insofern allenfalls noch eine eingeschränkte Wirksamkeit und entsprachen auch nicht der ersten Wärmeschutzverordnung von 1977 [WschVO, 1977], die in der Anlage 2 den Hinweis enthält auf – so wörtlich –

  ... Fensterkonstruktionen mit umlaufender, alterungsbeständiger, weichfedernder und leicht auswechselbarer Dichtung,

  für die ohne weiteren prüftechnischen Nachweis eine ausreichende Fugendichtheit entsprechend den seinerzeitigen Anforderungen unterstellt wurde. Die vorliegenden Dichtungen sind jedoch aufgrund der vorhandenen Fehlstellen weder als umlaufend noch im Hinblick auf ihren Zustand als weich federnd einzustufen.

  Gänzlich unwirksam waren die Dichtungen in mehreren Bereichen, in denen die Flügelrahmen aufgrund von Verformungen nicht am Dichtungsprofil anlagen (Bild 97).

Bild 97 Konkave Verformung eines schlossseitigen Flügelrahmenprofils mit um mehrere Millimeter »abstehender« unterer Flügelrahmenecke

- In Anbetracht der ausgeprägten Beschichtungsschäden an den betroffenen Fenstern war überdies zu erwarten, dass sowohl die Verformungen der Profile und Flügelrahmen als auch die Gefügeschäden an den hölzerenen Profilquerschnitten fortschreiten und zu weitergehenden Beeinträchtigungen der Fugendichtheit führen würden, solange keine umfassende Instandsetzung der Fenster erfolgt.
- Unabhängig hiervon bildeten auch die im Zusammenhang mit dem Einbau der Jalousien in die raumseitigen Teilflügel der Verbundfenster eingebrachten Bohrungen Fehlstellen, durch die warme feuchte Raumluft in den Scheibenzwischenraum eindringen konnte.

Insofern lagen an den Verbundfenstern insgesamt erhebliche konstruktive Schwachpunkte vor, die nicht zuletzt auch unter Berücksichtigung der exponierten Lage im 6. Obergeschoss einen übermäßigen Luftdurchgang und in der Folge erhebliche Tauwasserbildungen an der äußeren Verglasungsebene zur Folge hatten. Auch unter Berücksichtigung ihres Alters und üblicher Alterungserscheinungen waren die betroffenen Fenster insgesamt in Bezug auf die Fugendichtheit als nur noch eingeschränkt gebrauchstauglich einzustufen. Dies war zum einen auf die mangelhafte (überstrichene Dichtungen) bzw. unterbliebene (fehlende Erneuerung von Beschichtungen) Instandhaltung der Fenster zurückzuführen, die auch zu Folgeschäden wie den festgestellten Verformungen der Flügelrahmenprofile und Schimmelbefall auf den nicht mehr reinigungsfähigen Oberflächen geführt hatte. Zum anderen besaßen die Fenster aber auch unnötige konstruktive Schwachstellen, wie die Lücken im Bereich der Stöße der Dichtungen und die Löcher für die Bedienelemente der Jalousien in den Profilen der inneren Fensterebene.

Instandsetzung

Die bauzeitlichen Verbundfenster wurden im Rahmen einer energetischen Modernisierung durch neue Kunststofffenster mit hochwertigen Isolierverglasungen ersetzt. Nur so konnten auch die grundsätzlichen Schwachpunkte derartiger Verbundfenster beseitigt werden. Alternativ hätten sämtliche Fenster vergleichsweise aufwendig sowohl tischler- als auch malermäßig überarbeitet werden müssen, um auch die an der Substanz bereits eingetretenen Schädigungen nachhaltig zu beseitigen. Überdies hätte in diesem Zusammenhang ein Ersatz für die als Sicht- und Sonnenschutz im Scheibenzwischenraum eingebauten Jalousien geschaffen werden müssen. Dies wäre insgesamt aber weder energetisch noch wirtschaftlich sinnvoll gewesen.

2.4 Tauwasserbildung im Scheibenzwischenraum älterer Isolierverglasungen

Bauliche Situation und Schadensbild

In einer Wohnung eines Mitte der 1950er-Jahre errichteten freistehenden Wohn-Hochhauses wurde an zwei Isolierverglasungen wiederkehrende Tauwasserbildung im Scheibenzwischenraum gerügt. Es handelte sich um Zweifach-Isolierverglasungen mit dem folgenden Aufbau:

raumseitige Scheibe 4 mm / Scheibenzwischenraum 36 mm / Außenscheibe 6 mm.

Die betreffenden Verglasungen waren nachträglich, etwa Mitte der 1980er-Jahre eingesetzt worden und wiesen bei genauerer Betrachtung schlierenartige Eintrübungen und Ablaufspuren an der inneren Oberfläche der äußeren Glastafel (Bild 98), zum Zeitpunkt des Ortstermins aber keine Tauwasserbildung auf.

Schadensursache

Bei den festgestellten Eintrübungen an den Innenflächen der äußeren Verglasungen handelte es sich um ein sogenanntes Auslaugen der Glasoberflächen, d. h. das Herauslösen von Alkali-Ionen durch den Niederschlag alkalisch wirkender wässriger Lösungen [Wendehorst, 2011]. Derartige Alterungserscheinungen können bei älteren Isolierverglasungen mit fortschreitender Intensität auftreten, wenn das im Scheibenrandverbund enthaltene Trocknungsmittel die Feuchte aus der über Diffusion in den Scheibenzwischenraum eindringenden Luft nicht mehr vollständig aufnehmen kann. Insofern ließen die anlässlich des Ortstermins vorgefundenen Schlieren auf technische Beeinträchtigungen der Funktionsfähigkeit schließen, die sich allerdings lediglich in geringfügigen optischen Beeinträchtigungen zeigten, die für einen unvoreingenommenen Betrachter bei diffusem Licht aus einem üblichen, in Anlehnung an die ›Richtlinie zur Beurteilung der visuellen Qualität von Glas für das Bauwesen‹ [BF, 2009] gewählten Betrachtungsabstand von 1 m kaum erkennbar waren bzw. zumindest nicht störend ins Auge fielen.

Bild 98 Schlierenartige Eintrübung der zum Scheibenzwischenraum gelegenen Oberfläche der äußeren Scheibe

Typischerweise gehen die Eintrübungen der Glasoberflächen jedoch früher oder später und in Abhängigkeit von den Witterungsbedingungen auch mit sichtbarem Tauwasserausfall im Scheibenzwischenraum einher. Dass dies auch vorliegend der Fall war, hatten nicht nur die Bewohner geschildert, sondern es wurde auch anhand der vorgefundenen Ablaufspuren bestätigt. Tauwasserausfall im Scheibenzwischenraum von Isolierverglasungen in der beschriebenen Intensität ist mit hoher Wahrscheinlichkeit auf einen alterungsbedingten Defekt des Scheibenrandverbundes zurückzuführen. Er stellt aus technisch-sachverständiger Sicht insoweit eine Beeinträchtigung der Funktionsfähigkeit der Verglasungen dar, als er einerseits optisch störend ins Auge fällt bzw. die Durchsicht behindert und andererseits – im Unterschied etwa zu raumseitigem Tauwasserausfall – vom Nutzer weder abgewischt noch raumklimatisch beeinflusst werden kann.

Instandsetzung

Die Fensterflügel und ihre Verglasungen waren in den 1980er-Jahren hergestellt und eingebaut worden. Demzufolge näherten sich die Isolierverglasungen zum Zeitpunkt der Begutachtung ohnehin dem Ende einer für sie typischen Lebensdauer, die in [BBSR, 2017] mit etwa 30 Jahren angegeben wird. Da eine Reparatur der Verglasungen sowieso nicht möglich war, wurde ein Austausch gegen moderne Isolierverglasungen empfohlen, der im Hinblick auf die deutlich geringeren Wärmedurchgangskoeffizienten derartiger Verglasungen auch mit einer entsprechenden Energieeinsparung einherging.

3 Schadensbilder auf der Außenseite

Beispiele für Schäden an Außenflächen von Fenstern im Zusammenhang mit Tauwasser oder Schimmelbildung sind den Autoren aus ihrer Sachverständigenpraxis nicht bekannt. In einem Fall wurde allerdings Tauwasserbildung auf der Außenseite hochwertiger Dreifachisolierverglasungen beanstandet.

Bauliche Situation und Schadensbild

Auf der Außenseite hochwertiger Dreifach-Isolierverglasungen wurde flächiger Tauwasserausfall insbesondere in den frühen Morgenstunden kalter Nächte im Herbst bemängelt (Bild 99).

Bild 99 Flächiger Tauwasserausfall an der Außenfläche von Dreischeiben-Isolierverglasungen

Schadensursache

Die Ursache des außenseitigen Tauwasserausfalls bei derartigen Fenstern ist die hohe wärmeschutztechnische Qualität der Verglasungen, die – ihrem Zweck entsprechend – den Transport der Heizungswärme nach außen sehr stark begrenzt und so zu einem

Auskühlen der äußeren Glastafel führt. Insbesondere bei hoher Außenluftfeuchte kann es dadurch passieren, dass die Oberflächentemperatur dieser Glastafel soweit unterhalb der Außenlufttemperatur liegt, dass die Taupunkttemperatur der Außenluft unterschritten wird und die Scheibe beschlägt. Verstärkt wird dies noch, wenn Oberflächen für einen Strahlungsaustausch in der Nähe fehlen und - wie bei Dachflächenfenstern oder ähnlichen Bauteilen - eine weitgehend ungehinderte Abstrahlung erfolgt. Insofern stellt derartiger Tauwasserausfall keinen Mangel dar, vielmehr ist er ein Zeichen für die hohe wärmeschutztechnische Qualität der Fenster und - insbesondere soweit nächtliche Abstrahlung betroffen ist - im Übrigen auch unvermeidbar (Kapitel I-2.2.2).

Schadensvermeidung

Zunächst einmal ist festzustellen, dass das außenseitige Beschlagen von Fenstern nicht zu Folgeschäden führen kann und insofern auch nicht verhindert werden muss. Typischerweise verschwindet das Kondensat im Laufe des Morgens ganz von alleine. Möchte man das Beschlagen dennoch verhindern, hilft ein heruntergelassener Außenrollladen.

III Anhang

1 Literatur

1.1 DIN-Normen

[DIN 1946-6:2009-05] Raumlufttechnik, Teil 6: Lüftung von Wohnungen – Allgemeine Anforderungen, Anforderungen zur Bemessung, Ausführung und Kennzeichnung, Übergabe/Übernahme (Abnahme) und Instandhaltung

[DIN 1946-6:2019-12] Raumlufttechnik, Teil 6: Lüftung von Wohnungen – Allgemeine Anforderungen, Anforderungen zur Bemessung, Ausführung und Kennzeichnung, Übergabe/Übernahme (Abnahme) und Instandhaltung

[DIN 4108:1974-10] Ergänzende Bestimmungen zu DIN 4108 in der Ausgabe 1969-08

[DIN 4108-1:1981-08] Wärmeschutz im Hochbau, Teil 1: Größen und Einheiten

[DIN 4108-2:1981-08] Wärmeschutz im Hochbau,Teil 2: Wärmedämmung und Wärmespeicherung, Anforderungen und Hinweise für Planung und Ausführung

[DIN 4108-3:1981-08] Wärmeschutz im Hochbau, Teil 3: Klimabedingter Feuchteschutz, Anforderungen und Hinweise für Planung und Ausführung

[DIN 4108-4:1981-08] Wärmeschutz im Hochbau, Teil 4: Wärme- und feuchteschutztechnische Kennwerte (Ausgabe 1981-08)

[DIN 4108-2:2013-02] Wärmeschutz und Energie-Einsparung in Gebäuden, Teil 2: Mindestanforderungen an den Wärmeschutz (Ausgabe 2013-02)

[DIN 4108-3:2018-10] Wärmeschutz und Energie-Einsparung in Gebäuden, Teil 3: Klimabedingter Feuchteschutz – Anforderungen, Berechnungsverfahren und Hinweise für Planung und Ausführung

[DIN 4108-4: 1998-10, 2002-02, 2013-02, 2017-03] Wärmeschutz und Energie-Einsparung in Gebäuden,Teil 4: Wärme- und feuchteschutztechnische Kennwerte

[DIN 4108-5: 1996-11, 2001-08, 2011-01] Wärmeschutz und Energie-Einsparung in Gebäuden, Teil 7: Luftdichtheit von Gebäuden – Anforderungen, Planungs- und Ausführungsempfehlungen sowie -beispiele

[DIN/TS 4108-8:2022-09] Wärmeschutz und Energie-Einsparung in Gebäuden, Teil 8: Vermeidung von Schimmelpilzwachstum in Wohngebäuden

[DIN 18052-1:1955-10] Holzfenster für den Wohnungsbau – Einfachfenster, Teil 1: Blendrahmenfenster, nach innen aufgehend

[DIN 18055:1981-10] Fenster – Fugendurchlässigkeit, Schlagregendichtheit und mechanische Beanspruchung, Anforderungen und Prüfung

[DIN 18055:2014-11] Kriterien für die Anwendung von Fenstern und Außentüren nach DIN EN 14351-1

[DIN 18363:2019-09] VOB Vergabe- und Vertragsordnung für Bauleistungen, Teil C: Allgemeine Technische Vertragsbedingungen für Bauleistungen (AT V) – Maler- und Lackiererarbeiten – Beschichtungen

[DIN 68121-1:1973-03, 1993-09] Holzprofile für Fenster und Fenstertüren, Teil 1: Maße, Qualitätsanforderungen

[DIN 68121-2:1990-06] Holzprofile für Fenster und Fenstertüren, Teil 2: Allgemeine Grundsätze

[DIN EN 673:2011-04] Glas im Bauwesen – Bestimmung des Wärmedurchgangskoeffizienten (U-Wert) – Berechnungsverfahren

[DIN EN 1026:2016-09] Fenster und Türen – Luftdurchlässigkeit – Prüfverfahren

[DIN EN 12207:2017-03] Fenster und Türen – Luftdurchlässigkeit, Klassifizierung

[DIN EN 14351-1: 2010-08, 2016-12] Fenster und Türen – Produktnorm, Leistungseigenschaften, Teil 1: Fenster und Außentüren ohne Eigenschaften bezüglich Feuerschutz und/oder Rauchdichtheit

[DIN EN ISO 7345:2018-07] Wärmeverhalten von Gebäuden und Baustoffen – Physikalische Größen und Definitionen

[DIN EN ISO 10077-1:2018-01] Wärmetechnisches Verhalten von Fenstern, Türen und Abschlüssen – Berechnung des Wärmedurchgangskoeffizienten, Teil 1: Allgemeines

[DIN EN ISO 10077-2:2018-01] Wärmetechnisches Verhalten von Fenstern, Türen und Abschlüssen – Berechnung des Wärmedurchgangskoeffizienten, Teil 2: Numerisches Verfahren für Rahmen

[DIN EN ISO 12567-1:2010-12] Wärmetechnisches Verhalten von Fenstern und Türen – Bestimmung des Wärmedurchgangskoeffizienten mittels des Heizkastenverfahrens, Teil 1: Komplette Fenster und Türen

[DIN EN ISO 12567-2:2006-03] Wärmetechnisches Verhalten von Fenstern und Türen – Bestimmung des Wärmedurchgangskoeffizienten mittels des Heizkastenverfahrens, Teil 2: Dachflächenfenster und andere auskragende Fenster

[DIN EN ISO 13788:2013-05] Wärme- und feuchteschutztechnisches Verhalten von Bauteilen und Bauelementen – Raumseitige Oberflächentemperatur zur Vermeidung kritischer Oberflächenfeuchte und Tauwasserbildung im Bauteilinnern; Berechnungsverfahren

[ISO 15099:2003-11] Thermal performance of windows, doors and shading devices – Detailed calculations

[VDI 6007-2:2012-03] Berechnung des instationären thermischen Verhaltens von Räumen und Gebäuden, Blatt 2: Fenstermodell

1.2 Gesetze, Verordnungen

[BGH, 2018] Bundesgerichtshof, Urteil v. 05.12.2018 zu Geschäftszeichen: VIII ZR 271/17. Abgedruckt u. a. in: NJW 2019, S. 507

[EnEV, 2001] Verordnung über energiesparenden Wärmeschutz und energiesparende Anlagentechnik bei Gebäuden – Energieeinsparverordnung (EnEV) vom 16. November 2001

[EnEV, 2004] Verordnung über energiesparenden Wärmeschutz und energiesparende Anlagentechnik bei Gebäuden – Energieeinsparverordnung – EnEV) vom 16. November 2001, novellierte Fassung vom 02.12.2004

[EnEV, 2007] Verordnung über energiesparenden Wärmeschutz und energiesparende Anlagentechnik bei Gebäuden – Energieeinsparverordnung – EnEV) vom 24. Juli 2007

[EnEV, 2009] Verordnung über energiesparenden Wärmeschutz und energiesparende Anlagentechnik bei Gebäuden – Energieeinsparverordnung – EnEV) vom 24. Juli 2007, geändert durch die Verordnung zur Änderung der Energieeinsparverordnung vom 29. April 2009

[EnEV, 2013] Verordnung über energiesparenden Wärmeschutz und energiesparende Anlagentechnik bei Gebäuden (Energieeinsparverordnung – EnEV) vom 24. Juli 2007, geändert durch die zweite Verordnung zur Änderung der Energieeinsparverordnung vom 08.02.2013, in Kraft getreten am 01.05.2014

[GEG, 2020] Gesetz zur Einsparung von Energie und zur Nutzung erneuerbarer Energien zur Wärme- und Kälteerzeugung in Gebäuden (Gebäudeenergiegesetz – GEG) vom 08.08.2020, in Kraft getreten am 01.11.2020

[WschVO, 1977] Verordnung über einen energiesparenden Wärmeschutz bei Gebäuden – Wärmeschutzverordnung vom 11.08.1977

[WschVO, 1982] Verordnung über einen energieeinsparenden Wärmeschutz bei Gebäuden – Wärmeschutzverordnung vom 24.02.1982

[WschVO, 1994] Verordnung über einen energiesparenden Wärmeschutz bei Gebäuden – Wärmeschutzverordnung vom 16.08.1994

1.3 Bücher, Aufsätze, Foschungsberichte, Richtlinien

[Bauer, 2015] Bauer, Max; Bauer, Martin; Bäumler, A.: Hinterlüftung und Tauwasserausfall bei Verbundfenstern – experimentelle Labor-und Freilanduntersuchungen zu Hinterlüftung und Tauwasserausfall im Fensterzwischenraum eines Verbundfensters. In: Bauphysik 37 (2015) Nr. 4, S. 205–212

[BBSR, 2017] Bundesinstitut für Stadt-, Bau- und Raumforschung – BBSR (Hrsg.): Nutzungsdauern von Bauteilen für Lebenszyklusanalysen nach Bewertungssystem Nachhaltiges Bauen (BNB). URL: https://www.nachhaltigesbauen.de/fileadmin/pdf/Nutzungsdauer_Bauteile/BNB_Nutzungsdauern_von_Bauteilen_2017-02-24.pdf [Stand: 17.10.2022]

[BF, 2018] Bundesverband Flachglas e.V. (Hrsg.) : Richtlinie zur Beurteilung der visuellen Qualität von Glas für das Bauwesen. Stand: Oktober 2018. Troisdorf: Bundesverband Flachglas e.V., 2018

[BF, 2022] Bundesverband Flachglas e.V. (Hrsg.): Datenblätter Psi-Werte für thermisch verbesserte Abstandhalter. URL: https://www.bundesverband-flachglas.de/downloads/bf-datenblaetter-fenster [Stand: 30. September 2022]

[BFS, 2006] Bundesausschuss für Farbe und Sachwertschutz e.V. (Hrsg.): BFS-Merkblatt Nr. 18 – Beschichtungen auf Holz und Holzwerkstoffen im Außenbereich. Stand: März 2006. Frankfurt am Main: Bundesausschuss für Farbe und Sachwertschutz e.V., 2006

[Blomberg, 2006] Blomberg, T.: Heat 2. PC-Programm für zweidimensionalen Wärmedurchgang. Handbuch mit Einführung in die theoretischen Grundlagen und Beispielen. Version 6.0. Lund: Lund-Gothenburg Group for Computational Building Physics, department of Building Physics, Lund University, 2006

[Blunck, 1926] Blunck, A.: Das Gestalten der Tischlerarbeiten. Berlin: Verlagsanstalt des Deutschen Holzarbeiter-Verbandes GmbH, 1926. Reprint der Originalausgabe. Augsburg: Bechtermünz Verlag im Weltbild Verlag GmbH, 1996

[Bredemeyer, 2013] Bredemeyer, J.: Energetische Modernisierung von Holzkastenfensterkonstruktionen – Möglichkeiten, Randbedingungen und Grenzen. In: BuFAS e.V. (Hrsg.): Messen, Planen, Ausführen – 24. Hanseatische Sanierungstage vom 07. bis 09. November 2013 im Ostseebad Heringsdorf/Usedom, Tagungsband. Stuttgart: Fraunhofer IRB Verlag; Berlin: Beuth Verlag GmbH, 2013

[Diem, 1987] Diem, P.: Bauphysik im Zusammenhang. Baustoff, Bauteil, Gebäude, Wärme, Feuchte, Schall, Brand. 2. überarb. Aufl. Wiesbaden: Bauverlag, 1987

[Eberle, 1928] Eberle, C.: Versuche über die Luftdurchlässigkeit und den Wärmeverlust von Fenstern. Mitteilung aus dem Wärmetechnischen Institut der Technischen Hochschule Darmstadt. In: Gesundheitsingenieur 51 (1928), Nr. 35, S. 566–570

[Erhorn, 1990] Erhorn, H.: Schimmelpilzanfälligkeit von Baumaterialien. IBP-Mitteilung 17 (1990), Nr. 196

[Fouad, 2012] Fouad, N. A., Richter, T.: Leitfaden Thermografie im Bauwesen. 4. Überarb. u. erw. Aufl. Stuttgart: Fraunhofer IRB Verlag, 2012

[FVLR, 2017] Fachverband Tageslicht und Rauchschutz e.V. (2017): Lichtkuppeln – Infos für Dachdecker. URL: www.fvlr.de/lik_Dachdecker.htm (Stand: 20.10.2017)

[Gertis, 2000] Gertis, K.; Erhorn, H.; Reiß, J.: Klimawirkungen und Schimmelbildung bei sanierten Gebäuden. In: Bauphysik der Außenwände. Schlußbericht. DFG Forschungsschwerpunktprogramm. Stuttgart: Fraunhofer IRB Verlag, 2000

[Gieß, 1990] Gieß, H.: Fensterarchitektur und Fensterkonstruktion in Bayern vom ausgehenden 18. Jahrhundert bis zum Ersten Weltkrieg. Arbeitshefte des Bayerischen Landesamtes für Denkmalpflege. München: Bayerisches Landesamt für Denkmalpflege, 1990

[Gottschalk, 2010] Mehr Spielraum beim Lüftungskonzept. In: TGA Fachplaner 6 (2010) Nr. 10, S. 42–44

[Graef, 1874] Graef, A.: Der praktische Fensterbauer. Weimar: Verlag Bernh. Friedr. Voigt, 1874. Reprint der Originalausgabe. Hannover: Verlag Th. Schäfer, 2003

[Hankammer, 2003] Hankammer, G.; Lorenz, W.: Schimmelpilze und Bakterien in Gebäuden. Erkennen und Beurteilen von Symptomen und Ursachen. Köln: R. Müller, 2003

[Heinicke, 1933] Heinicke: Einfluss der Fugendichtung auf den Wärmedurchgang der Fenster. In: Wärmewirtschaftliche Nachrichten für Hausbau, Haushalt und Kleingewerbe. VII (1933/34), Nr. 3, S. 39–42

[Huber, 2009] Huber, K.: Warme Fenster ohne Tauwasser – Konstruktionsgrundlagen für neue Fenster ohne Tauwasser, Schimmelbildung und mit thermisch verbesserter Behaglichkeit. Rosenheimer Fenstertage 2009, Tagungsband. Rosenheim: ift Rosenheim, 2009

[Huber, 2011] Huber, K.: Keine Feuchte. In: M & T Metallhandwerk 5 (2001), S. 12–14

[ift, 1981] Institut für Fenstertechnik e. V. (Hrsg.): Verbundfenster – Untersuchungen an Verbundfenstern zur Verbesserung des Wärme- und Schallschutzes bei gleichzeitiger Sicherstellung der übrigen Funktionen, wie Tauwasserfreiheit usw. Rosenheim: ift Rosenheim, 1981

[ift, 1999] Institut für Fenstertechnik e. V. (Hrsg.): Forschungsvorhaben Warm Edge. Abschlussbericht. Rosenheim: ift Rosenheim, 1999

[ift, 2003] Institut für Fenstertechnik e. V. (Hrsg.) Fachinformation ift Rosenheim – Tauwasser in Fenster- und Fassadenkonstruktionen. Rosenheim: ift Rosenheim, 2003

[ift, 2011] Institut für Fenstertechnik e. V. (Hrsg.): ift-Richtlinie WA-15/2 – Passivhaustauglichkeit von Fenstern, Außentüren und Fassaden, Ausgabe Februar 2011. Rosenheim: ift Rosenheim, 2011

[Jung, 2012] Jung, U.: Gemischte Lüftungskonzepte für Wohngebäude. In: Informationsdienst Bauen + Energie, Ausgabe April 2012, Köln: Bundesanzeiger Verlag, 2012

[Klos, 2009] Klos, H.: Das Fenster im 20. Jahrhundert – Verbundfenster. Sonderdruck (mit Ergänzungen). In: Nachrichtenblatt Nr. 2. Trossingen: Lienhard & Birk GmbH, 2009

[LBNL, 2018] Ernest Orlando Lawrence Berkeley National Laboratory (LBNL), Environmental Energy Technologies Division, Building Technologies Department, Windows and Daylighting Group, University of California, Berkeley (USA) (Hrsg.): THERM Finite Element Simulator, Version 7.7.1.0. Berkeley: University of California, 2018

[Messal, 2014] Messal, C.: Masterfaktor Wasser. In: Der Bausachverständige 18 (2014) Nr. 2 , S. 40–45.

[Meyer-Quel, 2018] Meyer-Quel, I.: Bestandsaufnahme zur Warmen Kante – Wann wird der Aluminium-Abstandhalter endlich abgelöst? In: GFF – Glas, Fenster, Fassade (2018) Nr. 3, S. 86–88

[Müller, 1996] Müller, R., Prüfinstitut Türentechnik + Einbruchsicherheit, Rosenheim (Hrsg.): Erhaltung der Kastenfenster durch gezielte Verbesserungsmaßnahmen, Abschlussbericht, Förderprojekt des Bundes B I 5 – 80 01 94 – 12, Juni 1996. Stuttgart: Fraunhofer IRB Verlag, 1998

[Oster, 2010] Oster, N., Bredemeyer, J.: Wird Wohnungslüftung Vermietersache? In: Der Bausachverständige 14 (2010) Nr. 6, S. 20–25

[Oster, 2011] Oster, N., Bredemeyer, J.: Erwiderung zur Stellungnahme von Hans Westfeld unserem Artikel »Wird Wohnungslüftung Vermietersache?« In: Der Bausachverständige, Heft 6 (2010) und Heft 2 (2011). In: Der Bausachverständige 15 (2011) Nr. 3, S. 35–38

[Oster, 2018] Oster, N.: Schimmelschäden in Wohnräumen – Typische Fehler bei der Begutachtung erkennen. In: Das Grundeigentum 142 (2018) Nr. 21. Berlin: Grundeigentum-Verlag, 2018

[Oster, 2020] Oster, N.; Bredemeyer, J.; Mühlig, O.: Schimmelschäden an Wänden und Decken. In: Ruhnau, R. (Hrsg.): Reihe Schadenfreies Bauen, Bd. 42. Stuttgart: Fraunhofer IRB-Verlag, 2020

[Pech, 2005] Pech, A. et al.: Baukonstruktionen. Band 11 – Fenster. Wien: Springer-Verlag, 2005

[PHI, 2014] Passivhaus Institut Dr. Wolfgang Feist (Hrsg.): Kriterien und Algorithmen für die zertifizierte Passivhaus-Komponente: Abstandhalter in Wärmeschutzverglasungen. Version 0.32, 14.08.2014. URL: https://passiv.de/downloads/03_zertifizierungskriterien_abstandhalter.pdf [Stand: 19.05.2019]

[Raisch, 1922] Raisch, E.: Die Wärme- und Luftdurchlässigkeit von Fenstern verschiedener Konstruktion – Mitteilung aus dem Laboratorium für technische Physik der Techn. Hochschule München. In: Gesundheitsingenieur 45 (1922) Nr. 9

[Raisch, 1928] Raisch, E.: Die Luftdurchlässigkeit von Baustoffen und Baukonstruktionsteilen. In: Gesundheitsingenieur 51 (1928) Nr. 30

[Reitmayer, 1940] Reitmayer, U.: Holzfenster in handwerklicher Konstruktion. Stuttgart: Julius Hoffmann Verlag, 1940

[Richter, 1999] Richter, W.; Hartmann, T.; Kremonke, A.; Reichel, D.: Gewährleistung einer guten Raumluftqualität bei weiterer Senkung der Lüftungswärmeverluste. In: Bundesministerium für Verkehr, Bau- und Wohnungswesen BMVBW, Bonn (Förderer); TU Dresden, Institut für Thermodynamik und Technische Gebäudeausrüstung (ausführende Stelle); Arbeitsgruppe Raumklimatologie Erfurt der Universität Jena (Mitarbeiter); Ingenieurbüro für Bauphysik Hauser und Partner, Baunatal (Mitarbeiter); Ressortforschungsbericht RS III – 67 41 – 97.118. Stuttgart: Fraunhofer IRB Verlag, 1999

[Rossa, 2010] Rossa, M., Institut für Fenstertechnik (ift) e. V. (Hrsg.): Geneigt ist anders – U-Werte geneigter Verglasungen, Rosenheim: ift Rosenheim, 2010

[Sedlbauer, 2001] Sedlbauer, K.: Vorhersage von Schimmelpilzbildung auf und in Bauteilen. Dissertation; Stuttgart: Universität Stuttgart, 2001

[Sedlbauer, 2003] Sedlbauer, K.; Krus, M.: Schimmelpilze in Gebäuden – biohygrothermische Berechnungen und Gegenmaßnahmen. In: Cziesielski, E. (Hrsg.): Bauphysik Kalender 2003. Berlin: Ernst und Sohn, 2003

[Sieberath, 2013] Sieberath, U., Niemöller, C.: Kommentar zur DIN EN 14351-1 – Fenster und Türen – Produktnorm, Leistungseigenschaften. 3. aktualisierte Aufl. Stuttgart: Fraunhofer IRB-Verlag, 2013

[Siegwart, 1932] Siegwart, K.: Luftdurchlässigkeit von Holz- und Stahlfenstern - Mitteilung aus dem Maschinen-Laboratorium der Technischen Hochschule Danzig. In: Gesundheitsingenieur 55 (1932) Nr. 43

[Stade, 1904] Stade, F.: Die Holzkonstruktionen, XIII. In: Stade, F. (Hrsg.): Die Schule des Bautechnikers. Leipzig: Verlag von Moritz Schäfer, 1904. Reprint der Originalausgabe. Leipzig: Reprint-Verlag, 1989

[Swensson, 2013] Swensson, N.: DIN 1946-6:25009-05 – Eine anerkannte Regel der Technik? In: Deutsches Ingenieurblatt 3-2013. Berlin: Fachverlag Schiele & Schön GmbH, 2013

[Trautmann, 2003] Trautmann, C.: Schimmelpilzbefall in Wohnräumen. In: Verband der Bausachverständigen Norddeutschlands e.V. (Hrsg.): Fachaufsätze von Bausachverständigen, Juristen, Umweltmedizinern und Mikrobiologen. VBN-Info, Sonderheft April 2001. 3. Aufl. Stuttgart: Fraunhofer IRB Verlag, 2003

[UBA, 2002] Umweltbundesamt – Innenraumlufthygiene-Kommission des Umweltbundesamtes (Hrsg.): Leitfaden zur Vorbeugung. Untersuchung, Bewertung und Sanierung von Schimmelpilzwachstum in Innenräumen. Berlin: Selbstverlag, 2002

[UBA, 2005] Umweltbundesamt – Innenraumlufthygiene-Kommission des Umweltbundesamtes (Hrsg.): Leitfaden zur Ursachensuche und Sanierung bei Schimmelpilzwachstum in Innenräumen (»Schimmelpilz-Sanierungs-Leitfaden«), Dessau: Selbstverlag, 2005

[UBA, 2017] Umweltbundesamt – Innenraumlufthygiene-Kommission des Umweltbundesamtes (Hrsg.): Leitfaden zur Vorbeugung, Erfassung und Sanierung von Schimmelbefall in Gebäuden (»Schimmelleitfaden«) – Dessau/Roßlau: Selbstverlag, 2017

[VEB Typ., 1960] VEB Typenprojektierung Berlin (1960): Typenbauelemente für Dachelemente der Großblockbauweise (Gewichtsklasse 750 kp). Dach- und Gesimskonstruktion (Steildach). Bestätigt: Ministerium für Bauwesen am 23. Februar 1960. Berlin: Selbstverlag, 1960

[VELUX, 2016] VELUX Deutschland GmbH (Hrsg.): Merkblatt Holzbehandlung 2016. URL: http://www.velux.de/service/fensterpflege-wartung-bedienung [Stand: 23.01.2018]

[VFF, 2014] Verband der Fenster- und Fassadenhersteller – VFF e.V. (Hrsg.): VFF Leitfaden HO.09 – Runderneuerung von Kastenfenstern aus Holz, Ausgabe Oktober 2014. Frankfurt am Main: Selbstverlag, 2014

[VFF, 2016] Verband der Fenster- und Fassadenhersteller – VFF e.V. (Hrsg.): VFF Merkblatt WP 0.2 – Instandhaltung von Fenstern, Fassaden und Außentüren – Wartung/Pflege & Inspektion – Maßnahmen und Unterlagen. Ausgabe November 2016. Frankfurt am Main: Selbstverlag, 2016

[Vogdt, 2022] Vogdt, F.-U.; Bohne, D. (Hrsg.): Reihe Basiswissen Architektur. Bauphysik – Grundwissen für Architekten. Wiesbaden: Springer Vieweg, 2022

[Waubke, 1990] Universität Innsbruck, Institut für Baustofflehre und Materialprüfung BMI; Waubke, N. V.; Kusterle, W. (Hrsg.): Schimmelbefall in Wohnbauten. Ursachen, Folgen, Gegenmaßnahmen. Symposium Mold Infestations in Residental Buildings, Nr. 1, Innsbruck-Igls, 11.–19. Januar 1990. Innsbruck: Selbstverlag, 1990

[Wendehorst, 2011] Wendehorst (Begr.), Neroth, G., Vollen
schaar, D. (Hrsg.): Wendehorst Baustoffkunde – Grundlagen, Baustoffe, Oberflächenschutz. 27. Aufl. Wiesbaden: Vieweg + Teubner Verlag, Springer Fachmedien GmbH, 2011

[Wiel, 1968] Wiel, L.: Baukonstruktionen des Wohnungsbaues. B. G. Leipzig: Teubner Verlagsgesellschaft, 1968

[Willems, 2017] Willems, W. M. (Hrsg.): Lehrbuch der Bauphysik. 8. Aufl. Wiesbaden: Springer Vieweg, 2017

[Zeller, 2015] Zeller, J.: Luftwechsel durch Leckagen und Öffnungen In: Fachverband Luftdichtheit im Bauwesen e.V., Berlin (Hrsg.): Gebäude-Luftdichtheit FliB-Buch, Bd. 2. Berlin: Selbstverlag, 2015

[Zimmermann, 2012] Zimmermann, T., Zimmermann, M.: Lehrbuch der Infrarotthermografie. Stuttgart: Fraunhofer IRB Verlag, 2012

2 Stichwortverzeichnis